JN124851

ホンダ リトルカブ

開発物語とその魅力

三樹書房編集部 編

はじめに

“リトル”（Little：小さい、かわいい）と“カブ”（Cub：熊やライオンなどの野獣の子）を意味する単語を組み合わせた「リトルカブ」という名称は、何と響きの良いネーミングであろうか。1997年に誕生して以来、スーパーカブファミリーの一員として多くの人達に愛用されている、ロングセラーモデルである。その愛らしく小柄なスタイリングは、年代を超えて広く支持されている稀な二輪車である。スーパーカブを知るということは、ホンダという会社を理解できることと同じだと言われている。本田技研工業を興した本田宗一郎は、『良品に国境なし』を掲げ、世の中の人々の役に立つ製品を創ることが使命であると常々話していた。スーパーカブは、まさにそれを象徴している製品である。

今や、世界的なグローバル企業に発展したホンダであるが、その成長の源泉はスーパーカブの成功とその派生モデルに支えられていることは、歴史が証明している。看板商品とも言えるスーパーカブの歴代モデルの開発に携わったスタッフにとっては、責任の重大さとやりがいの狭間で、さまざまな苦労と喜びがあったに違いない。

かつて、歴代社長のインタビューを行なったときのことだが、２代目の河島喜好社長は「スーパーカブは、あの時代における新規軸な製品であり、高く評価されているけれどもそこで止まってしまっては進歩はない……」とスーパーカブに代わる新規な機種開発の必要性を強くおっしゃっていたし、５代目の吉野浩行社長、６代目の福井威夫社長がまったく同じ発言をされていたのに驚いた記憶がある。それは、「自分が社長をやっている時に、これまでのスーパーカブを超えるスーパーカブを造りたかったが、実現できなかった……」というものである。

お三方とも本田技術研究所の社長を歴任し、二輪車の開発にも関わってきた経験を持つ方々である。常にチャレンジングな取り組みをモットーとしている企業でも、世の中に浸透したスーパーカブを変えるということは、大きな壁であったことを物語っている。

今回取り上げたリトルカブはスーパーカブの姉妹車であり、2017年まで20年間にわたり16万台以上が販売された日本国内専用モデルである。そして、初代スーパーカブC100の匂いを漂わせるプレスバックボーンフレームを継承している唯一のモデルでもあった。

本書は、市場調査の段階から、設計、試作、走行テストに加え、ネーミングの決定や量産まで一連の開発過程を開発担当者の想いも含めてまとめたものである。一機種の二輪車をここまで掘り下げたものは数少なく、読み進むにしたがって、読者の方々にも開発者の一人のような気持ちになっていただき、さらに本書によって、小さな車体に込められた開発陣の大きな夢と情熱、そして苦悩と喜びを共有していただければ幸いである。

決して容易な開発ではなかったリトルカブから、日本のものづくりの本質が見えてくるといっても過言ではないだろう。

小林謙一

※英訳は『現代英和辞典』株式会社研究社刊より引用

編集にあたって――リトルカブの生い立ちと魅力を伝える

本書は、スーパーカブの姉妹車であるリトルカブの開発に関わった人々の取り組みをまとめたものである.

スーパーカブは1958年８月に誕生してから、人間に例えれば還暦を過ぎた今でも生産され続けている。2017年10月に全世界でのシリーズ総生産台数が1億台を突破したが、このことは国内でも大々的なニュースとなったのでご存知の方も多いことであろう。スーパーカブは誕生したときからすでに形状、性能、使い勝手、耐久性、価格、生産性等どれをとっても、その時点でもうこれ以上改良の余地がないくらい完成されている今も昔も鉄壁のオートバイである。

リトルカブをパッと見て、多くの方はタイヤが小さくなっただけのスーパーカブという印象を持たれたのではないだろうか。ところが開発者の方々にお話を伺うと、それが全くの思い違いであることがわかった。たしかにリトルカブという名前のとおり見た目はスーパーカブより少し小さいカブであり、スーパーカブというあまりにも偉大な姉妹車と比較すると、なかなか細かい違いが表に出てこない部分が多い。だが実際はスーパーカブと同じように見えるのは共用部分であるエンジンとボディフレームくらいで、どちらかというと新規開発車両に近いことがわかった。その見えにくい部分を当時の担当者の方々に詳しく解説して頂いたのが本書である。

リトルカブの開発は、当時の需要創出（需創）グループからの提案によるもので、日本全国はもとよりベトナムにおける二輪車の動向、使用実態、要望等の地道な市場調査から始まった報告を基にしている。それに応えるべく企画から開発まで各部門の担当者や技術者が何を考え、どのような思いでリトルカブに取り組んできたかを本書でご理解頂けるのではないか。

文章の多くは担当者および技術者ご自身がまとめられたものなので、専門用語もあり、また開発現場での様子も、我々素人には少々理解しにくい図版も登場する。単純にスーパーカブのタイヤをただ小さくしたように見えるリトルカブも、技術的には非常に難しい問題や課題を一人一人の担当者や技術者が頭をひねりながらあちらこちら飛び回り、試行錯誤の末にやっと解決にこぎつけた上での産物なのだ。
　生産を終了してから２年ほど経つリトルカブであるが、まだまだ元気に日本国中を走り回っているものが多い。街中で見かけるリトルカブが、スーパーカブと同じように見えても単なる派生車種ではなく、実は大変な苦労と努力の末に世に出たほぼ新規開発車であり、同時にC100から脈々とその流れを受け継ぐ直系であることが読んでいくうちにおわかり頂けるのではないかと思う。
　近年、日本国内ではカブ系に代わってスクーターが急増しているが、小さくてかわいいリトルカブは、その20年間の役目を終え、2017年の夏にひっそりと生産を終了した。
　リトルカブは販売されていた20年間、細かい部分の改良は必要に応じてなされていたものの外観上の大きな変更は一切なく、機構的な変更もエンジンがキャブレター式から燃料噴射式になったことぐらいである。カラーバリエーションについては基本色や限定色を含め多数の展開がなされており、文字通り多彩であった。限定車のデザイナーご本人からの貴重な解説も収録した。リトルカブの色はどれも非常にきれいで魅力的であるが、樹脂部品が多いだけに色を合わせるだけでも大変な苦労と試行錯誤があったことがおわかりいただけると思う。
　以上を踏まえて本書では、分かりにくい部分や見えにくい部分、スーパーカブとの相違部分を写真やパーツリストを用いて表しているので、図版を対応させながら読み進めていただければありがたいと考えている。
　後半にはリトルカブを所有し、普段使用されている方々にインタビューした章を設けた。老若男女、皆さん心底オートバイが好きで、オートバイに乗り始めた年齢や初めて乗った機種は様々であるが、不思議と最終的にはリトルカブへと向かっている。全く別個に取材をしたにも関わらず、共通な思いをお持ちになっていることも読み取っていただければ幸いである。
　それでは、今も若い世代から年配の方々まで、幅広い年代に愛され続けているリトルカブの詳しい生い立ちについて、次の「需創」グループの章からお読みください。

編集部

目　次

イラスト（上）：竹中正彦

■序　章■

リトルカブの開発コンセプトが決まるまで

デザイン室所属　需要創出グループ
加藤　秀一

■需要創出活動

リトルカブのコンセプトメイキングにかかわった「需創」は、朝霞研究所（当時）内のプロジェクトチームとして1995年１月の中ごろ発足した。当初の実務メンバーは、現籍所属のまま集められた。沢田琢磨、加藤秀一はデザイン室（当時第６設計ブロック）から、米川繁と室岡克博はDOG（デヴェロップメントオペレーショングループ）所属のまま参加した。

「需創」とは、需要創出活動のことである。このプロジェクトのひとつの目的は、本田技研工業が設立50年を迎えるにあたっての更なる国内二輪市場拡大であった。それには三現主義（現場で現物を見て現実を確認し原因をつかむというホンダ流の仕事アプローチ方法）に基づくマーケティングが必要とされた。とにかく二輪が使用されている現場に出向き使用状況などを徹底的に調べ、実際にお客様と対話するという調査活動と研究を旨としたのである。

まずは実際に二輪が使用されている現場がどうなっているのかを知ろうと、

スーパーカブの派生車種として1963年に登場したハンターカブ55。すでに雪上走行への取り組みがなされており、後年のスーパーカブの展開が見てとれる

人々の生活への浸透度という点から、台数ではなく保有率で調べたところ、これまで注視してきた東京や京阪神などではなく、それまで思いもよらなかった和歌山県が浮上した。
そこで実際に和歌山に行ってみると、細い路地のある街に、朝の通勤時間帯などには二輪がたくさん走っていた。その状況を実際に見たとき、我々がここから学ぶことは多いだろうと感じた。今、あらためて当時作成したレポートを確認すると、和歌山県だけではなく月２～３回は全国各地に出向いている。ただ小豆島に行った際など、人口自体が少なすぎて調査が失敗に終わったこともあった。
地域によっても二輪の使い方に違いがあった。真冬の北海道調査では、郵便配達用のスーパーカブがチェーンやスタッドレスタイヤを装備して、凍結した路面を重たい郵便物を搭載して走っている。事前に知識として知ってはいても、積雪の中を元気に走っているスーパーカブを見て正直驚かされた。雪道でも実用的に使われていることの他に、365日便利に気軽に乗れるともいわれたスーパーカブが、仙台や京都など風情あふれる街の風景にしっかり溶け込んでいることも印象深かった。
こうした全国での市場調査によって、「需創」プロジェクトはスーパーカブを含めた二輪がどのような使われ方をしているのかなど、様々な情報を知り得ることが出来たのである。
特にスーパーカブは、実用性の高さが広く認められており、どこの地域に行っても郵便や新聞配達、一般の商店なども含めて主に配達などビジネスユースで活用されていた。しかしそれ以外にも普段の生活の足として活躍しているスーパーカブもあり、あるユーザーからは「四輪とスーパーカブを所有しているが、近所のひと回りには絶対的にスーパーカブが便利だ」といわれたこともある。他にも信頼性が高いという理由でスーパーカブに乗っているユーザーの方も多く見られた。これら、生活の足や仕事で使う方のスーパーカブの姿を見て、今後も大切にしたい商品だと感じた。またベトナムに調査へ行った際には「ホンダだけが命を移動させることが出来た」とテレビで放送している場面に出合ったこともあった。ベトナム戦争の時代にスーパーカブが市民の避難などに活躍し、たくさんの命を救うことができたのだ。こうして海外においても信頼性の高さが評価されていることも知った。

■若者の、新たな価値観の発見

また我々は、スーパーカブを実用だけではなく、まったく異なる価値観で捉えているユーザー層の存在に気づいた。それはスーパーカブを素材として、車体色を塗り替えたり、外装部品を交換したりして楽しむスタイルだった。若い人たちがファッションとしてスーパーカブに乗り始めていたのだ。それまでは一部のマニアがエンジンなどに改造を施して乗っていることは知っていたが、それとは異なり、自分の好みに合わせてドレスアップして、お洒落な乗り物としてスーパーカブを楽しんでいるユーザーが予想以上に多かったのである。この、新しく芽生えてきたトレンドに注目した「需創」は、この頃から若者も意識し始めた。

第30回東京モーターショー（1993年）に出品されたスーパーカブ・トーキョーモーターショースペシャル[60'S]。60年代の雰囲気を現代風にした試作車。めずらしくメーカーサイドによりドレスアップされ、メッキモール、ホワイトリボンタイヤ、ツートーンのカラー等で高級感にあふれた参考出品車。C90用エンジンやダブルシートを採用しており、機動性と実用性も併せ持っていた

第33回東京モーターショー（1999年）に参考出品されたダートカブラ（DIRT CUBRA）。パイプフレームをはじめ、リアダンパー、エアークリーナー、マフラー、ゼッケンプレート等、専用の部品を組み込んだ本格的なダートトラック仕様の試作車。注目すべきは14インチのセミブロックパターンタイヤを装着していることで、スーパーカブのカスタマイズを楽しみ始めた、当時の若い世代の注目を集めたモデル

スーパーカブはビジネスのみならず、通勤使用に加えてレジャーなど多目的にも使える。そんなパーソナルユースの部分にこれからの二輪市場拡大の余地があると考えた。

■リトルカブのコンセプト

さらに、歴代のスーパーカブを乗り継いでいる高齢の方から、意外な御意見をいただいた。

スーパーカブを長く愛用していただいているその方は、「カブは新しくなるたびにシートが高くなる。それでは乗りにくくなって困る」という御意見だった。これはなんとかしなければと思ったが、実際に調べてみるとシートの高さは73.5cmと変わっていなかった。それどころか、1991年から1998年にかけてスーパーカブのシート高は、逆に５mm下がっているということが分かった。にもかかわらず「シートが高くなる」という感覚の理由は、ユーザーの加齢に伴う姿勢の変化や身長の低下が考えられるが、ユーザー自身ではそれを自覚しにくいため、シートが高くなった印象をもつのだと突き止めた。このお客様から求められたのは、姿勢や身体の変化を考慮した製品づくりだったのである。

同じような困りごとを抱えているお客様に「シートの高さは変えていませんよ」とお答えするのは簡単だが、それでは製品の進歩がない。こうした要望こそ新しい製品を創出するチャンスと考えたのである。「需創」メンバーの中で話し合った結果、利便性の更なる向上のためにもシート高の低いスーパーカブを提案しようということになった。

もうひとつ「スクーターのように両脚を揃えて乗るのが不安だ」という声も市場調査（フィールドワーク）から得られた。例えばスーパーカブからスクーターのロードパルに乗り換えた女性ユーザーの例では、次にはスクーターではなく両側のバーステップに足を確実に乗せられるシャリィを選ぶ方も多くいらして、「踏ん張りやすさや跨る安心感」が重要だと考えているユーザー層も大切にしなければならないと考えた。「リトルカブ」のコンセプト形成には、そんな背景もあった。

シート高の低いスーパーカブを作るにはどうするか。前後のホイールを交換すれば、簡単に車高全体を抑えることができる。我々が着目したのは郵政省で使用されているカブが、従来の17インチのスーパーカブより小さい14インチのホイールを採用していることだった。だがホイール径を小さくするだけではいろいろな不具合が発生してしまう。郵政カブは前後ダンパーの方式を変更しているため14インチでも十分な性能を確保しているが、ボトムリンク式のスーパーカブにそのまま14インチのホイールを採用すると、サイドスタンドが立たなくなり、車体のバンク角が減ることでマフラーの取り付け位置の問題にもぶつかった。新しくつくるカブは、スーパーカブと同じボトムリンク式を継承したいと思っていたので、解決しなければならない課題が山積していた。

ではどのようにしてお客様のニーズに応えるか、ということで先行検討、更なる調査研究を、リトルカブの開発責任者となる車体設計所属の竹中正彦が中心となって推進することになった。

リトルカブ発売前に、カスタマイズニーズに応えるため、スーパーカブをトレッキングスタイル仕様にできる専用部品などが用意されていた

その頃、「需創」からは「フィッシャーマンズカブ」（釣り師カブ）のスケッチが提案された。この「フィッシャーマンズカブ」は、レジャーユースの可能性を強く表現していたが、何よりキーになったのは、若い世代のカスタマイズニーズに合った、小泉一郎によるデザインだった。描かれたのはレトロイメージの可愛らしさを感じさせるデザイン画で、関係者の中でリトルカブのイメージが一気に集約された。

「需創」としては、単に車高を低くするだけでなく、カラーリングにも配慮し、若いユーザーに対しては鮮やかな原色系とレトロなカラーリングを用意し、高齢者の方々には銀色と茶色のコンビネーションで落ち着いた基調の色も提案した。

このような経緯があり、市場調査からの研究で創出したコンセプトを開発チームにバトンタッチ出来たのである。

これまでの考えでは市場が小さくなることはわかっていた。例にもれずカブの販売台数も低下傾向にあったが、結果的にはリトルカブの登場によりそれに歯止めをかけることが出来たのである。

■リトルカブの功績と反省

人口動態などのデータを見ても、国内の二輪市場縮小は避けられないことであった。我々もその危機感は十分に感じていた。例にもれずスーパーカブの販売台数も低下傾向にあった。しかし新機種として投入したリトルカブの登場により、一時的にでもそれに歯止めをかけられたことには大きな意味があったと考えている。ただ、「需創」としての反省は、当初から高齢者への配慮を重視していたにも関わらず、セルフスターターを装備したバリエーションを市場に導入するのに予想以上の時間がかかってしまったことだ。

リトルカブの発売から１年４ヶ月後の1998年12月にセルフスターター装備の４速ミッションモデルが発売された。このことから、製品コンセプトを開発チームにバトンタッチした後も双方の考えにずれや誤解がないようにフォローし合うことが重要であり、売価との兼ね合いなど、営業部の考えにも適切なフォローが必要だと感じた。

■リトルカブの発売後

リトルカブ発売後、多くの高齢者に支持されて感じたことのひとつは、仮に現代の科学技術を駆使して高齢者にとって一番良い乗り物を作ったとしても、高齢者は自分が乗りなれたものを選ぶであろうということである。

また、原付が若い人達の初めてのモビリティとして、その価値を拡げる可能性を感じたこともある。愛媛にある女子大学のバイク駐輪場で調査を行なった際、女子大学生がリトルカブのキックによるスタートのやり方を友達に教えている場面に遭遇した。こうした二輪の楽しさをお客様同士が伝え合う姿を見て、あらためて「リトルカブを作って本当に良かった」と感じた。

スーパーカブはオーソドックスな形をしているが、リトルカブには、そこに初代C100からの「スーパーカブらしい」イメージを表現することが重要だと考え、外観やカラーリングなどに工夫をしたことも長く愛用されている理由のひとつだと思う。

おしゃれも好きだし、乗っていて楽しくなるようなオートバイも好き。そんな楽しみ方を若い世代の方にもっともっと知って欲しい。それにはこれからもどんな工夫が必要かと考えている。我々「需創」が関わって世に送り出されたモデルは、他にもJOKERやCL50などがある。こうした新規モデルの開発は、三現主義をモットーとするホンダらしい商品であると考えている。

当時の所属：㈱本田技術研究所 朝霞研究所 第6設計ブロックデザイン室所属　需要創出グループ
1990年に朝霞研究所（現 ものづくりセンター）に入社、モーターサイクルデザイングループへ配属後、CBR900RR、VT1100C2、Valkyrie、PhantomやJokerの原型を担当し、その後、多部門混成チームである需要創出グループで国内のマーケティング活動、ドイツとイタリアの現地R＆D、企画室、技術開発室、未来交通システム研究室、企画室、デザイン開発部を経て現在に至る。
リトルカブの開発では、需要創出グループのお客様調査活動の中で、コンセプトメイキングに携わり、高齢者と若者の両面狙いの重要性と手法について開発チームと一体になった企画立案に貢献した。2019年現在は本田技研工業㈱ 2輪事業本部 ものづくりセンター デザイン開発部 情報・訴求課 技師。

第1章

技術者たちの証言

開発責任者
竹中　正彦

デザイン担当
小泉　一郎

外装設計担当
近藤　信行

完成車設計担当
迫　　裕之

吸排気設計担当
髙田　康弘

本田技研工業（株）知的財産部
松平　季之

・氏名上の所属は、開発当時のものです。
・各証言冒頭のプロフィールに記載の「現在」は、2019年10月現在です。

リトルカブ開発記

竹中正彦

当時の所属：㈱本田技術研究所 朝霞研究所 第２設計ブロック　開発責任者
1977年に朝霞研究所に入社、完成車設計チームへ配属後XLのオフロードの開発、ジャイロ、ジャイロアップに始まるスリーター機種、NOVA、WALLAROO（欧州向けのメットインモペッド）などの海外生産機種、スーパーカブ先行開発、リトルカブ、スクーターの先行開発等を手がける。その後、企画室、開発戦略室を経て現在に至る。リトルカブの開発では、短期間での機種開発の中、開発責任者を務め、記憶に残る1台を作り上げた。現在の所属は本田技研工業㈱ 二輪事業本部ものづくりセンター ものづくり企画・開発部。

■はじめに

1997年８月にリトルカブが発売されてから20年以上が経過した。それにもかかわらず、その開発過程をまとめた本が出版されることは、今なおリトルカブに興味をお持ちの方や、愛用されている方が数多くいらっしゃるからであろう。そんな方々や、こうして私達との間を取り持ち 、世界を広げて頂ける関係者の方々に感謝の意を表したい。

今回、縁あって私を含めた数名のリトルカブの開発担当者が、その開発に関する軌跡をそれぞれの立場で執筆することになった。しかし、開発チームには本書に登場する執筆者の他に重要な役割を担ったメンバーが大勢いたこと、また開発担当者以外にも多くの関係者の力によってリトルカブが世に出たことを最初にお伝えしておきたい。

リトルカブは、スーパーカブと同等の丈夫さと動力性能を持ちながら、小径でちょっと太目のタイヤを履き、コンパクトなサイズ感とシンプルな機能美を併せ持つ車種として、スーパーカブ、プレスカブと並ぶもう一つの柱となるべく1997年に新規投入したモデルである。そのリトルカブがどのようにして誕生したかについて、当時の記録と記憶をたどりながら開発の背景や経緯を皆さんにお伝えし、共有することで、より一層リトルカブの世界を深く知っていただければ幸いである。

■リトルカブ開発の背景

ホンダの商品開発は、主に製造・販売などを行なう本田技研工業（株）と不可分の関係に立つ（株）本田技術研究所で行なわれていた。本田技術研究所は世界各地に拠点を持ち、それぞれの市場向けの商品を開発しているのだが、二輪開発に関しては2019年４月から本田技研工業と一体化された二輪事業本部「ものづくりセンター」で進められている。

リトルカブの開発・設計は、埼玉県朝霞市にある「本田技術研究所　朝霞研究所、通称；アサケン（現ものづくりセンター）」で進められた。アサケンのある場所は、以前「朝霞テック」と呼ばれたホンダのモビリティランドの跡地である。この朝霞テックについては、1973年に閉鎖されたが､関東にお住まいの方ならご存知かもしれない。リトルカブは、1997年の発売当初から2017年の生産終了まで一貫して熊本県にある本田技研工業熊本製作所で生産されてきた。同時に国内の販売に関しては（株）ホンダモーターサイクルジャパンが担っていた。

■スーパーカブ誕生の背景

リトルカブの話に入る前に、スーパーカブに関係する開発状況を少し振り返ってみたい。

ホンダは創業以来、常に新しい価値を模索・提案し続けている会社であり、ホンダの代名詞にもなっているスーパーカブC100の誕生にもその姿勢が見てとれる。その頃は、富士重工のラビットなどを中心とした戦後の日本における第一次スクーターブームの真っただ中だった。しかし、1958年に発売されたスーパーカブは、これらのスクーターに代わる新しい乗り物として商用からパーソナルユースまで様々な人々に受け入れられた。その後も順調に販売を伸ばし、スーパーカブシリーズは2017年10月に世界生産累計１億台を達成、世界的なベストセラーに成長している。また、名称は、自転車用の動力源として簡単に取り付けられるエンジンとして戦後まもなく開発されたホンダF型カブがあったが、その性能をはるかに凌ぐところから“スーパー”カブと名付けられたというエピソードがある。

このスーパーカブは、50ccという小さいエンジンながら動力性能が高く、走破性に優れ、かつ便利で経済的、誰もが手軽に乗れて、さらに丈夫で長持ちする廉価な乗り物として、発売以来半世紀以上にわたり時代の変化に沿ってモデルチェンジやさまざまな改良を繰り返し、ロングセラーとして現在に

スーパーカブ　C100
1958年8月1日発売。空冷4サイクルOHV49cc、4.5ps、3速。車重65kg、最高時速70km/h。価格55,000円

スーパーカブ50
2017年11月10日発売。空冷4サイクルOHC49cc、3.7ps、4速。車重96kg。熊本製作所で生産。価格232,000円（消費税8%含む）

至っている。

　しかし1970年代のファミリーバイク、1980年代の第二次スクーターブームなどによって、国内のスーパーカブの販売台数は頭打ちとなり、1995年には10万台へと徐々に下がり続けていた。この当時のスーパーカブに対するイメージは、デリバリーや郵便配達、銀行用のバイクというビジネスイメージが一般的であり、需要は固定化してしまっていた。再びスーパーカブの市場を拡大させ

シャリィホンダ　CF50
1972年7月20日発売。足着き性と乗降性の良いスタイリングは女性ユーザーの需要を喚起した。I型は2速ロータリー、前後輪ともハンドブレーキ。II型は3速リターン、後輪はフットブレーキ。カブ系エンジンで3.5ps、始動はキックのみ。車重72kg。価格I型73,000円・II型75,000円

タクトDX
1980年9月4日発売。ヤマハのパッソルと共に日本にスクーターブームを巻き起こすきっかけとなった1台。空冷2サイクル49cc、3.2ps。Vマチック無段変速、車重/キック式49kg・セル付51kg。価格キック式108,000円・セル付118,000円

ロードパルNC50
1976年2月10日発売。空冷2サイクル49cc、2.2ps、車重44kg。始動のためのキックペダルは無く、タップスターターのペダルを踏み込むことで始動用ゼンマイを巻き、後輪のブレーキレバーを引いてゼンマイを解放し、クランクを回してエンジンを始動する独特の機構だった。CMにはイタリアの大女優ソフィア・ローレンを抜擢、「ラッタッタ」のフレーズで爆発的なヒットとなり、女性も含め、老若男女年齢を問わず多くのユーザーに愛用された。価格59,800円

るには、固定化された需要を確保しながらも、それ以外の層にアピールすべく何らかの手を打つ必要があったのである。

そこで我々は、販売台数が落ち込んだ原因を探るべく、当時スーパーカブを購入してくださったお客様の情報を得るために、お寄せいただいた約3000枚のお客様カードをもとにアサケンが独自に分析をすることになった。そして本田技研工業が創立50周年（1998年）を迎えるにあたり、社内では次の世代に向けてスーパーカブを刷新しようという動きが盛り上がってきていた（ただし、それ以前にも同様な活動はあり、1976年にはロードパルなどが生まれている)。このような経過によって“次世代スーパーカブ・プロジェクト”なるものが立ち上げられ、色々な切り口から複数のプロジェクトが進められていくことになった。

■次世代スーパーカブの壁

ところが実際にプロジェクトを進めてみると、これがなかなかモノにならない。それぞれの案では面白いものが出来上がるのだが、現行モデルと大きな違いのない外観変更や装備変更レベルのもの、足代わり用途に特化してロードパルより小型軽量低価格にしたもの、スーパーカブとロードパルの中間的なものなど、どの案も全ての面で“現行のスーパーカブを超えたもの”にはなっていなかったのである。スーパーカブとは一体何なのだろうか。

私も1995年当時は、欧州スクーター（イタリアの“SKY”、後に日本にも“VIA”として輸入されている）の完成車設計担当として開発に携わりながら、同時に“次世代スーパーカブ・プロジェクト”にも一つのコンセプトを提案し、その案

の開発責任者（LARGE PROJECT LEADER。通称LPL）として技術開発を進めることになった。それまでスリーター（宅配で使用されているような三輪スクーター）やスクーターの完成車設計を十数年経験していたが、ホンダに入ったからには一度はスーパーカブ開発に携わりたいと思っていたので、このプロジェクトには大いに奮起したことを覚えている。

このように、私がスーパーカブの開発に携わったのは1995年からだが、実は1958年生まれのスーパーカブと私は同い年である。初めて乗せてもらったバイクは父親のスーパーカブC105（55cc）であり、スリムなボディ、逆台形のメーター、すっきりデザインされたウィンカーなど、とてもお洒落で、各部のディティールは今でもよく覚えている。ある時、エンジンの回転が上がらなくなったのでシリンダーヘッドを外してみると、バルブスプリングが二重になっているのが見えた。さらに内側と外側のスプリングが噛み込まないように一方が左巻きになっていることに驚いた。回転が上がらないのは無茶な使い方をして外側のバルブスプリングが折れていたのが原因だったのだが、いろいろ考えて作られていることに感心した覚えがある。

高校時代は友人のスーパーカブを譲ってもらい、山裾の自宅から数km離れた田舎駅までの通学に使っていた。日本海側だったこともあり冬場には雪も降ったが、スーパーカブの低い重心と細いタイヤは非常にバランスが良く、5cmくらいの積雪までは雪をかき分けて快適に走れた。ある時、凍結した橋の上でブレーキをかけてスピンしてしまったことがある。しかしそこはカブのバランスの良さ、なんとか転ばずに済んだことなど懐かしい。

話はそれてしまったが、そんなふうに学生時代をスーパーカブと一緒に過ごしてきているので、自らの手でそれを開発できることはとても感慨深かった。

さて、奮起して新しいプロジェクトの開発を始めたものの、次世代スーパーカブを創出することの難しさを徐々に感じ始めた。スーパーカブを考えるということは、実にホンダ商品の基本に流れる考え方を探ることにほかならなかったからである。この時の私なりに考えた結論は、「生活の中で身近にお客様に喜んでいただけることを目指し、基本性能をしっかり押さえた、シンプルで機能美のある乗り物」ということだった。

スーパーカブは、決してでしゃばりすぎることなく、乗る人が主役となり、それぞれの生活を色鮮やかに彩ることができる商品である。それを実生活に一番近いところで、最小限かつ高次元でバランスさせているのがスーパーカブなのだと考えた。

本質的なシンプルさは、同時に高い汎用性をも合わせ持つ。多機能による汎用性ではなく、シンプルゆえの汎用性である。たとえて言えば、いろいろな用途に対応した十得ナイフと、しっかり作り込まれ使い慣れた１本のナイフとの違いと言っていいだろうか。ベースとなる部分を追求してしっかり作り込んでいるのだ。だからそこから各々の用途に合わせていかようにも発展でき、どこでもだれでも何に対してでも役に立ち、愛用されるのだろう。

そんなことを考えていた1996年の４月末に上司から、「国内需要創出グループ（以下 需創グループ）からスーパーカブの提案があるらしいのでその内容を聞いてこい」と声がかかった。

■きっかけは市場調査結果から

グループは企画部門の一つであり、実際に日本各地で二輪の使われ方を調査し、販売店やお客様へのインタビューなどを行ないながら、さまざまな切り口で次の商品を探っていた。前述したお客様カードの分析も含め、販売台数が縮小の一途をたどっていたスーパーカブの調査結果は次の通りだった。

1. 主要ユーザーは年配層の男性。昔からカブに乗っており、その代替えがほとんどで、スーパーカブ以外には乗り継がず、新規のお客様は圧倒的に少ない。
2. スクーターのような足をそろえて乗るようなフロアタイプではなく、馴染んでいるバーステップ形式がよい。
3. スーパーカブの新車に乗り換えた方が“シート高が上がった”と言っている。
4. 不具合ではないが、一番困るのはパンクである。
5. スーパーカブをファッションとして捉えている若い方達が出てきた。

シート高に関しては、初代からずっと地上高735mmで変わってはいないのだが、年齢を重ねられることによる体の変化や、サスペンションなどにへたりが出ている古い車と新車を比べてそのように感じているのであろうということであった。しかし理由はさておき、主なお客様には“シートが高い”ことがわかった。パンクに関しては、道路の端を走ることの多い原付等は釘などのゴミを踏む確率も高い。こうした要望に関しては、なんとか応えたいと考えた。

また、購入者に新規購入が少ないのは危機的だが、スーパーカブの基本エッセンスは若者にも受け入れられており、ここにはもっと広がる可能性がある。続いて需創グループから“ベーシック14　フィッシャーマンズカブ”と名づけられたコンセプトの提案があった。

この“ベーシック14　フィッシャーマンズカブ”は、スーパーカブのタイヤサイズを従来の17インチから14インチへ小径化し、シート高を735mmから50mm下げた685mmにすることでお客様を引き留め、アクティブなアウトドア・イメージで拡大させるという提案だった。アップマフラー、テレスコピックフォークを装備し、フレームボディープレス部分は、スーパーカブからの流用ながらも前部はツインチューブフレーム、売価は18.5万円という設定で、市場調査結果を基にした説得力のある提案だった。

■“ベーシック14”と名づけられたコンセプト

しかしこの新しいコンセプトについて、よく考えてみると技術的な課題がい

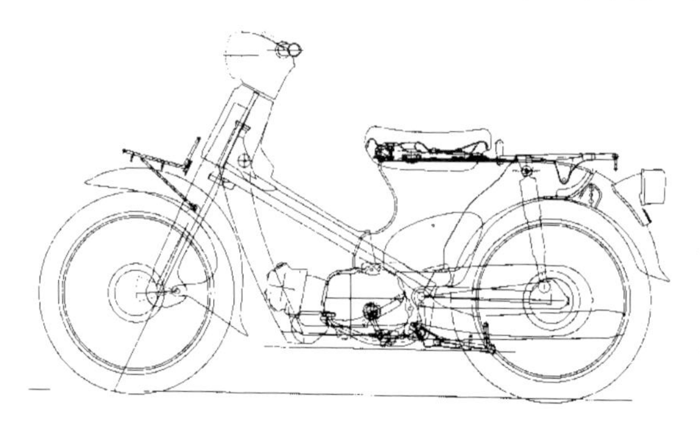

ベースとなったスーパーカブC50のレイアウト図。初代スーパーカブ(C100)から継承されているプレスバックボーンのフレーム構成など基本的なレイアウトの変更は無く、水平から10度上方に傾けられたシリンダー上部にキャブレターとエアークリーナー等が巧妙に配置されていた

ろいろ湧いてきた。

タイヤサイズを14インチに変更すると、リム直径で－３インチ（75mm）の差が出る。タイヤの許容荷重の観点から小径になった分だけタイヤ幅を少し広くする必要があるのだが、タイヤ外径では実質－２インチ（50mm）ほどの差が生まれることになり、－50mmというシート高は確かに説得力がある。

しかし、スーパーカブのプレスフレームを流用するとなると話は大きく変わることが予想された。フレームはシート直下から最下点に近いところまであり、スイングアームピボットやエンジンマウントも付いているので、エンジンを丸ごと下げなくてはならない。つまりシート高が下がった分だけエンジン位置も下がり、バンク角も減ることになる。アップマフラーはグラウンドヒット（路面に車体の一部が接触すること）を避けるために効果的だが、本来荒れた路面を走るための仕様であるのに、バイク自体が低い地上高では目的がチグハグになる。

それではフレームボディーを専用設計にすれば済むかと言うとそう単純ではない。私はそれまでの"次世代スーパーカブ"検討の中で、車体パッケージングの妙技をいやというほど感じていた。あらゆる部品が絶妙なバランスで構成されているのがスーパーカブなのだ。スペースだけでなく、重量、剛性、見た目など、とにかく一つ何かを動かすことにより、関連していろんなところを変えていかないと済まなくなるのである。

その一つがフューエルタンクとキャブレターのヘッド差（落差）である。キャブレターへの燃料供給は自然落下式で、平地では十分なヘッド差があるように見えるが、登坂時では車体は前上がりになり、タンクに対し前方に配置されているキャブレターの位置が高くなる。それでも必要なヘッド差を確保するためにはタンクの下端高は現状以下に下げられない。

フューエルポンプで圧送すればよいが、ポンプは高価な部品なので、現実的にシートを下げタンク容量を確保するにはタンクを横に広げるしかない。そうするとシート幅が広がることとなり、今度は足着き性に影響が出てくる。あるいは、さらなる燃費向上化を図り、タンク容量を減らせればよいかもしれないが、燃費の良さもスーパーカブのひとつの魅力であり、既にできる限りの改良は施しているので、これ以上の大きな燃費向上は見込めない。

また、仮に専用フレームを採用するにしてもコストがかなりかかり、狙いのコンセプトと技術手段について、まだまだ営業や研究所内で調整し、合意を得る必要があった。したがって、提案された“ベーシック14　フィッシャーマンズカブ”をすぐに「いいですね」とは言えず、ひとまずスーパーカブのフレーム流用では、シート高685mmは困難であることを告げ、持ち帰って検討することにした。

■狙い所と技術手段

席に戻り、すぐに技術的な問題点や課題を整理したが、やはりもくろみ通りには成立しないことが分かった。また、アウトドア・イメージという切り口についてもアップマフラーまで採用すると、かえって用途やお客様を限定してしまうのではないかという疑問も出てきた。翌週、ラフなレイアウト検証結果を上司に報告し、具体的な検討に入った。

まずは一番の課題である低シート高を成立させる技術手段について検討を重ねた。当時私は欧州スクーターの量産開発と、別のスーパーカブ・プロジェクトの完成車設計も兼務しており、十分な検討時間が取れなかったため、ラフなレイアウト案だけを立て、LPL代行（主に研究/テスト領域の責任者）と共に比較検討をおこなった。

検討した案は4つで次のとおり。

Ⅰ案；スーパーカブのフレームを流用し、出来るかぎりシート高を下げる（14インチタイヤ）

Ⅱ案；郵政カブのフレームを流用し、専用フューエルタンクとフューエルポンプとする（17インチタイヤ）

Ⅲ案；Ⅱ案に対し14インチタイヤを履かせる

Ⅳ案；専用フレームにして後方キャブにする（14インチタイヤ）

上記Ⅳ案は具体的に言うと、キャブレターをシリンダーより後方に向けて配置することでフューエルタンクとの前後位置を近づけ、上り坂でもヘッド差を

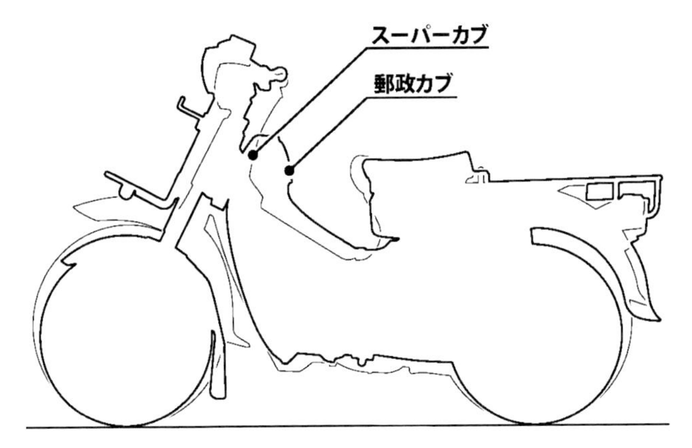

スーパーカブと郵政カブのサイズ比較

確保し、タンクとシートの高さを下げる案である。しかしこれは車体の全面変更となり、あまりにもコストが掛かり過ぎる。

Ⅱ案とⅢ案は郵政カブのイメージに引きずられる恐れがあり、ヘビーデューティな郵政専用仕様ゆえの価格アップなどが考えられた。その点、Ⅰ案は小径タイヤになった分だけ車高が下がり、ステップ、スタンド、ペダル、マフラーなどを専用にすれば、30mm位はシート高を下げられ、価格もリーズナブルにできそうなことがわかった。これはお客様に受け入れられるベーシックなコンセプトになるのではないか。

各案それぞれに達成できるシート高と性能、開発の規模、生産コストなどを検討した結果、Ⅰ案を需創グループに逆提案することとした。需創グループに検討の結果を説明に行くのだが、技術手段の変更は言葉では伝わりにくいのでコンセプトを表現したデザインスケッチがほしい。スケッチが有ると無いのとでは説得力が違うが、この時点ではまだデザイン部門は入っていないのでスケッチは無い。やむなくようやく普及し始めた慣れないパソコンを使い、写真を基に自分でビットマップをつぎはぎして作ったイメージ画（CG写真……ハンドル、ヘッドライトのイメージはC100に近い）を見せて説明し、需創グループに了解してもらった。やはりイラストやスケッチがあると伝わりやすいものである。

担当役員に前述のＩ案で行くことを報告し、先行テスト移行の了解を得て、“ベーシック14”が具体的に動き出した。工数確保のため、欧州スクーター担当業務を他のメンバーにお願いし、カブ系の開発に専念させてもらうことにした。そして先行開発チームを早速立ち上げ、コンセプト構築と並行しながら基本諸元などを決めていった。

■基本コンセプト

並行で他のスーパーカブ開発が進んでいることから、“ベーシック14”では商用ではなく、個人が自家用で購入して使用するパーソナルユースに焦点を当ててカブの拡販を目指すこととした。その使命の一つである、加齢とともにスーパーカブに乗らなくなってしまった年配層の方には、車高を下げただけでも対応できるかもしれない。しかし市場を広げるためには若者にも訴えかける必要がある。

年配と若者、この一見相反しそうな年代双方に受け入れてもらうにはどうすればいいのか。自分なりに考えた挙句、やはりスーパーカブの基本にたどり着いた。“本質的シンプルさ”と“機能美”である。ここで言う本質的とは、スーパーカブの持つ基本機能すなわち使い勝手を考えながらも、耐久性や性能、パッケージングの高次元なバランスを追求したシンプルさであり、機能美とは、各部が機能に裏付けされたゆえの形状の美しさ、シルエットを持っていることと考えた。これらはどの世代にも通じることである。とにかく今度の新機種に関してはシンプルに徹し、余計なものは一切付けないようにしよう。ただ、開発されたばかりのタフアップチューブはパンクのタフネスアップ（耐久性向上）のために採用することにした。

舗装整備された道路が少なかったスーパーカブC100の時代は、凸凹にも有利な17インチのタイヤがベストの選択だったが、悪路の少ない現在では14インチタイヤでも十分ではないか。もともとスーパーカブはビジネスユースだけでなくパーソナルユースも考え、ファッション的にも進んだ日常を彩る商品だ。

新機種も、老若男女を問わずお客様の生活に新しい一面を創り出してもらい

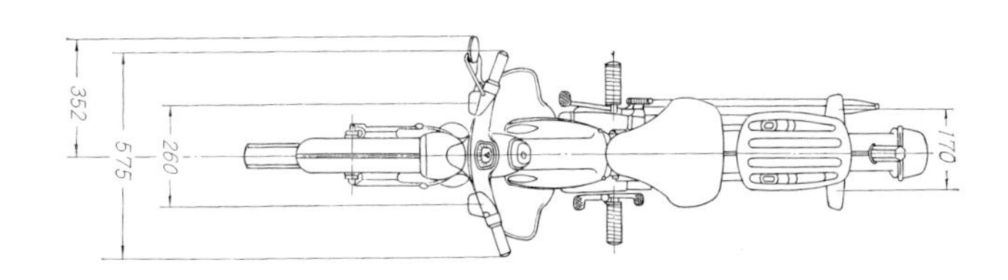

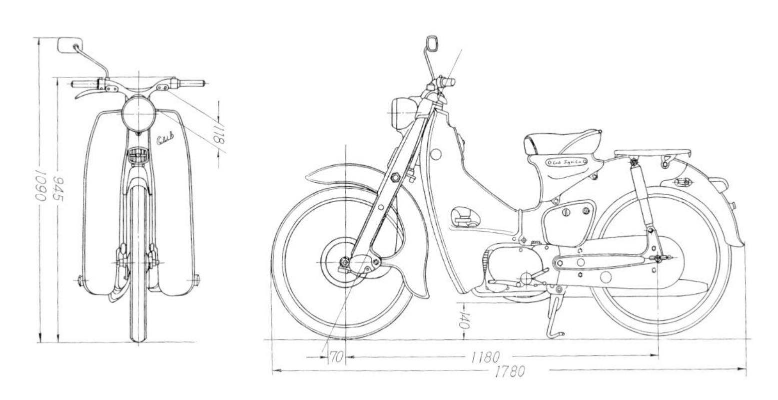

初代スーパーカブ（C100）の三面図。無駄のないシンプルな機能美を兼ね備えた設計

たいのであり、この“ベーシック14”こそが現代版のスーパーカブC100になり得るのではないか？　と考えたのである。まずは想定されるお客様を次のように列記した。

1．スーパーカブの良さを肌身で感じ、長年に亘り乗り継いでいただいていたが、年齢と共に体力の衰えを感じている（スーパーカブの）お客様。

2．スーパーカブのアイデンティティーを求め、乗りたいが、体力や体格的に自信がない方々。

3．現行スーパーカブのデザインに不満を持つ方々。

4．ターゲット年齢は若者と年配層、性別は男女、身長は小柄（身長155cm～160cm前後）な方。

商品コンセプトを一言フレーズでまとめると、

「手頃なサイズでシンプル装備　ベーシック･マスター ＣＵＢ」

（「マスター」は本質・原点の意味で使っている）
主な仕様、ポイントは以下の通り。

◆車体サイズ；小柄な人が手軽に乗れるコンパクトサイズ

身長160cm前後をターゲットとし、シート高705mm

小さくてもちょっと太めで安心感のある14インチタイヤ

◆デザイン；スーパーカブの基本スタイルを継承、コンパクトさを活かしたちょっとお洒落なデザイン

フロントまわり、リアキャリア※、ウィンカーの小型化

※リアキャリアはシンプル化のため廃止も考えたが、用途に限らず使い勝手の上でちょっと荷物が置ける場所が必要なこと、リアフェンダー上のワイヤーハーネスが目立つこと、販売店での完成車運搬などでロープをかけるところが必要なことなどから専用の小型のものを装着することにした。

◆装備、用品；余計なもののないシンプルさ

市場にあふれるスーパーカブ用品を活用

◆性能；スーパーカブで培った信頼性、経済性はそのままキープ

エンジン、フレームボディー、前後フォーク、吸排仕様など基本コンポーネンツ継承

◆パンクタフネス；タフアップチューブ採用

■実車による基本仕様決定

ラフ・レイアウトによる検討で基本的な変更点はわかっていたので、すぐさま実車を改修し先行テストの段取りに入った。タイヤとホイールは郵政カブの2.75－14を使い、ステップやスタンド、ペダル類は現合（現物合わせ）で改修した。

フレームボディーは流用と決まったものの、フロントサスペンション形式はボトムリンク仕様かテレスコピック仕様かチームでも迷っていたので、シャーシ設計PL（PROJECT LEADER）にCD50ベースのテレスコピックフォーク仕様も用意してもらった。

さて、実際にスーパーカブに14インチタイヤを組んで見てみると、独特のサ

イズ感があるではないか。「手の内」感と言うか「可愛さ」と言うか、手頃な感じであり、新しいサイズとして独自の価値観を出せそうだと感じた。しかし、さすがに外観が17インチタイヤ用のままではバランスが悪い。特にフロント周辺は大きく変える必要があり、サスペンション形式も含め要検討箇所となった。

<フロントサスペンション形式とタイヤサイズ>

14インチタイヤ先行車でテストを行なった結果、スーパーカブのボトムリンク仕様はタイヤサイズが変わっても使える見通しがあることがわかった。その後、テレスコピック仕様に組み替えて操縦安定性PLに乗ってもらい、「どう？」と聞いたところ、私の顔をみて一言「パーフェクト！」と笑顔で答えてくれた。やはり性能的にはテレスコピック仕様が良いようだ。しかし、テレスコピック仕様はトップブリッジ周辺のフォーク逃げスペースが大きくなるので、「手の内」感が損なわれること、外観イメージがタフ過ぎるなどの課題があり、チームでコンセプトと照らし合わせ議論した結果、最終的にはスーパーカブと同じボトムリンク仕様を採用することに決まった。

スーパーカブのフロントフォークを流用するとなるとタイヤ幅が課題になる。もともとはタイヤサイズ2.25〜2.50サイズ（タイヤ最大幅が2.25〜2.5インチ）で設計されていたため、流通している14インチのタイヤサイズ2.75（タイヤ最大幅が2.75インチ）ではフロントフォーク部との隙間が足りない。テスト車

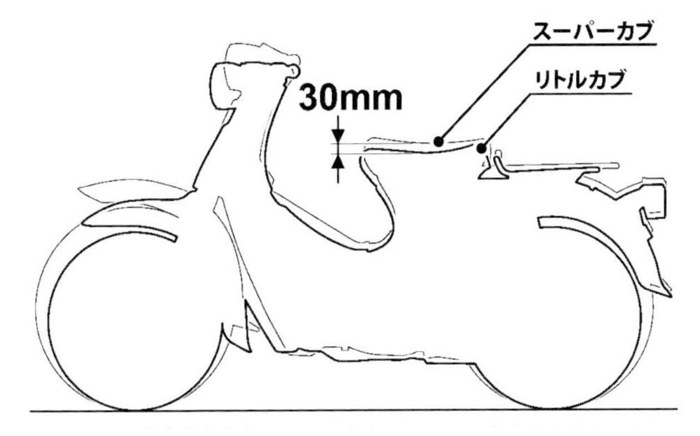

スーパーカブとリトルカブのサイズ比較。太い線の方がリトルカブを示す

ではなんとか履けたものの、市場で装着するスノーチェーンに必要な隙間はなかった。フロントフォーク内幅を広げるにはプレス金型が新規に必要となり、かなりのコストアップは避けられない。ただ、検討を重ねた結果、前輪の許容荷重にはまだ余裕があったため、タイヤメーカー担当者との度重なる話し合いの結果、標準タイヤ規格にある2.50－14というタイヤサイズを作っていただけることとなった。

リアタイヤは、リアフェンダーが17インチタイヤ仕様のままの下広がり形状なので基本的なクリアランスは確保できていたが、フレームボディー下部のチェーンケース逃げ部だけはスノーチェーンと干渉するためカットした。それ以外はスーパーカブと全く共通である。

それまでの検討段階では、前後同じタイヤサイズ2.75－14にすると車体の姿勢は平行に下がるだけだったが、試作モデルでは、前輪だけワンサイズタイヤが細くなると、前下がりの姿勢になってしまう。これでは操縦性が当初の狙いと変わってしまうことになる。シャーシの設計PLが検討した結果、プレス部品に溶接しているボトムブリッジにあたる別部品だけを専用にして、フロントフォークをキャスター方向に12mm下げることで車体の水平をキープできることとなった。

こうした設計変更によって、リトルカブの完成車ディメンションはフロントアクスル位置を除いて基本的にスーパーカブと同じ数値となり、リアタイヤの

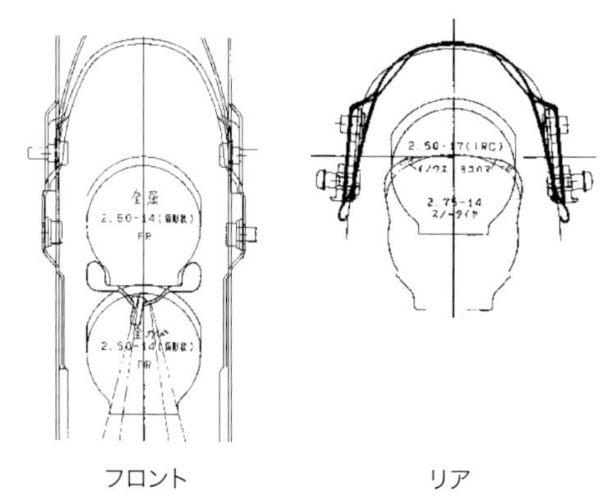

フロントタイヤ隙間は2.50－14のタイヤを採用することで解決した。リアタイヤ隙間は、下広がりの形状のおかげでクリアランスは確保できていた

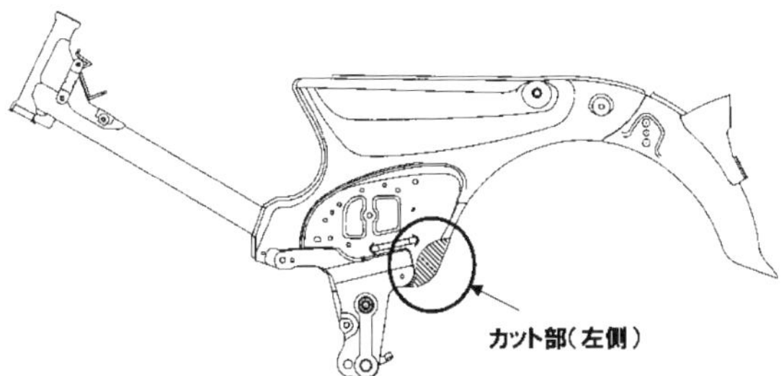

リトルカブのフレームボディー。スノーチェーン装着に配慮してボディーの一部をカットすることで対応している。

半径が小さくなった分だけ平行に下がった状態で姿勢（前後の傾き）は、ほとんどそのままにできた。

その他、タフアップチューブによる重量増加を加味し、タイヤのゴム厚さや内部構造などによる重量調整や50ccの１人乗りに合わせたタイヤ剛性調整を行なうことなどにより、スーパーカブと同様の安心感のある操縦性が確保された。

また、小径タイヤ化は、一般的に乗り心地が悪くなる傾向があるが、それには二人乗りも考慮したスーパーカブに比べ、１人乗りのパーソナルユースに特化し、ソフトなサスペンションセッティングにして対応した。

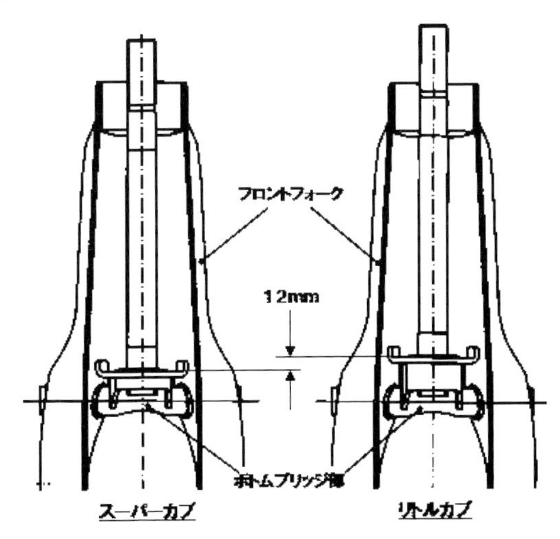

スーパーカブとリトルカブのフロントフォーク部の比較
リトルカブには専用のボトムブリッジを装着してフロントフォークを12㎜下げている

また、小径化によって同じタイヤ回転数でも車速が下がってしまうため、ドライブチェーンの前後スプロケットの丁数（歯数）をフロント13T×リア40Tの組み合わせから、フロント14T×リア39Tに変更して、スーパーカブよりタイヤ回転数を上げることで、エンジン回転数と車速の関係をスーパーカブとほぼ同じにしている。

<シート高・車体高、全長>

課題のシート高はスーパーカブより30mm下がった705mmとなるわけだが、これが市場に受け入れられるだろうか。市場調査からの年齢分布と、年齢別の身長データを合わせて検証した結果、数の多い50歳以上の人たちは全体の平均身長より約５cm低いことがわかった。足の長さで言うと約２cm強というところでありちょうど良い。あまりシート高を下げ過ぎるとユーザーを絞り過ぎてしまう懸念がある。

身長分布の９割を占める下限身長は約150cmであった。社内のそれに近い身長の人を集め、スーパーカブと先行テスト車に跨ってもらったところ、スーパーカブではつま先しか着かず、不安だとのこと。その後、先行テスト車に跨ってもらうと見事に踵（かかと）がついた。「とても安心感がある」と笑顔で言ってくれ、こちらも「これならいける！」と確信したのを覚えている。

スーパーカブと比べ、シート高は下がったものの、ステップ高はバンク角を確保するためあまり下げられない。検討の結果、ステップ〜シート間が20mmほど狭くなることがわかった。そこでアサケン内で人選したターゲットである身長160cm前後のメンバーによる試乗会を行ない窮屈感などの違和感は無いとの結果を得たので、背の高い人にはちょっと窮屈になってしまうが、スーパーカブと併売することを前提に割り切ることとした。

また、シート高だけでなく車体全体が下がる効果が大きいこともわかってきた。例えば、リアキャリアも下がるので荷物の積み下ろしが楽になるし、重心高も下がるので押し歩きや足着き時にも軽く支えることができる。

車体の全高はヘッドライトが下がったのも併せて、スーパーカブより50mm下がっている。全長も14インチタイヤ化により25mm短くなるなど、見た目だけでなく実際の取り回しも楽になり、まさに狙い通りの「手の内」感覚を出せることになった。

<キック操作性（エンジン始動）>

“ベーシック14”（完成車が初代リトルカブとなる）は、装備のシンプル化を目指していたのでエンジン始動はキック式のみである(翌年にはスーパーカブ同様のセル・キック併用タイプが追加された)。

キック操作は、エンジンの高さがスーパーカブに対して下がったことと、前後クッションのソフト化でキック時に車体全体の沈み込みが起こり、スーパーカブと同じキックアームの長さのままでは、キック操作を行うと路面を蹴飛ばしてしまうことがわかった。

そこで、路面を蹴飛ばさないぎりぎりの長さにキックアーム長を設定したのだが、スーパーカブのキックアーム長より十数mm短くなり、今度は操作荷重が１割弱増加してしまった。これについても身長150cm～160cmの所内の女性にお願いし、キック操作でエンジン始動が出来るかの検証を行なった。

結果は、スーパーカブと同じCDI式マグネット点火方式で、操作時にエンジン始動に必要なクランクの回転数と着火チャンス回数を達成でき、キック操作でのエンジン始動が可能であることが確認できた。検証参加者のコメントとしては、「シート高がスーパーカブより低くなっているので、車に跨ってのキック操作での安心感があり、キックアームに力を掛けやすくなっている」とのことであった。

<最低地上高とバンク角>

スーパーカブの最低地上高ポイントはメインスタンドである。メインスタンドはフレームボディーの最下点に取り付けられているが、ここが30mm近く下がるのだから地上高が約130mmのスーパーカブと同じ最低地上高にはならない。

“ベーシック14”はメインスタンドの形状を工夫することで最低地上高は125mmを確保した。平均的なスクーターの最低地上高は低いもので約110mmだから、“ベーシック14”はスーパーカブとスクーターの中間にあたる最低地上高になり、使い勝手も満足していただける見通しが得られた。
しかし、今度はメインスタンドを跳ね上げると、スタンド先端がマフラーと干渉することがわかった。原因は、スタンドを跳ね上げた反動でストッパーラバーがたわむ（つぶれる）分、格納位置より余計にスタンドが動く（オーバーストローク）ことだった。スーパーカブ用のメインスタンドは、軸の近くにストッパーラバーがあるタイプで、オーバーストロークが多めだからだ。
マフラーに対しメインスタンドの隙間を詰めたために起こってしまったことで、他に方案が見つからず、やむなくマフラー側にもメインスタンドストッパーラバーを設けて解決した。
エンジン高も同様に低くなるが、ここはまだ余裕があったのでエンジン自体を変更する必要はなかった。しかし、エンジンの最下点にあるドレンボルトとガードリブ（クランクケースの一部でドレンボルトの前に立っているリブ）が、段差乗り降りテストで段差に当たる可能性が分かったため、スキッドプレートを新設し、ガードするようにした。
バンク角度センサーとなるステップの取り付け位置は、エンジンと一緒に下がるが、これは右頁の図のようにエンジン取り付け部からステップ上面までの高さを20mm高くしバンク角を確保している。
ステップに合わせてブレーキペダル、チェンジペダルの踏面高さも変更した。両ペダルの軸はステップ同様エンジンに取り付けられているため、ステップに合わせ踏面の高さを上げたのだが、ペダル踏面と軸の高さの差が大きくなり、ペダルを踏み込んだ時に踏面の前後移動量が大きくなる。通常のバイクでは違和感となるところだが、スーパーカブは振動を軽減する中空ステップラバーが採用されており、ステップ踏面も一緒に前後に移動してくれるため違和感なく済んでいる。
ブレーキペダルの踏面高さについては、作動範囲の中で排気管との干渉を避けるため、踏面と軸の間のブレーキパイプ部中ほどに、スーパーカブでは必要のなかった逃げをつけている（編集部注：この部分は非常に分かりにくい部分でもあるが、20年間を通じて３仕様あり、排気系の改良のつど形状変更されて

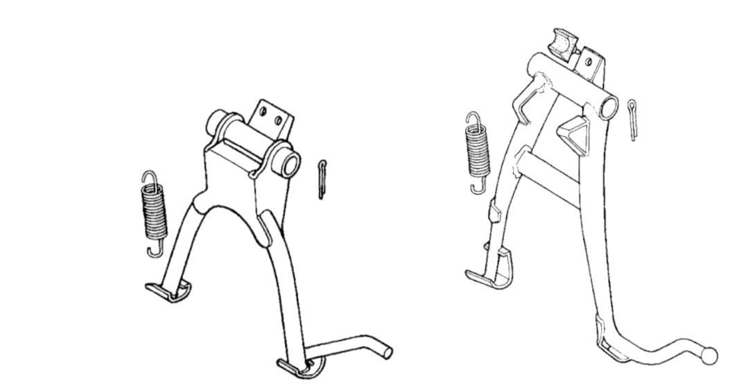

メインスタンド。左が高さの低いリトルカブ用。右がスーパーカブ用。形状も異なる専用部品

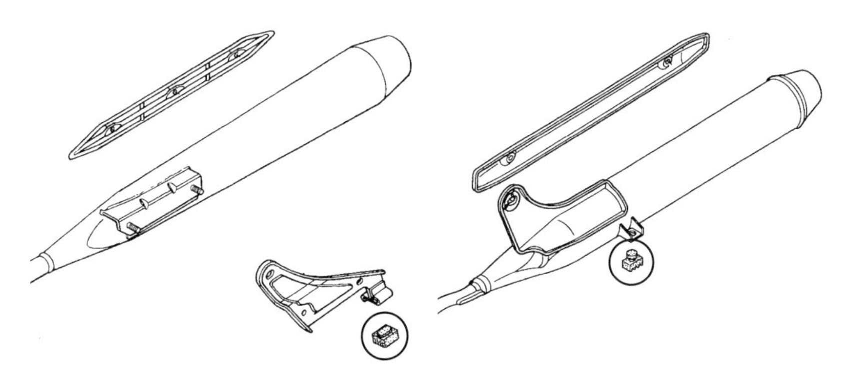

マフラーに取り付けられたストッパー（○で囲んだ部品）。上左はリトルカブのキャブレーターエンジンの後期モデル、上右は燃料噴射付エンジンに変更後のモデルの部品であるが、取り付け方法は異なるもののどちらにもメインスタンドのストッパーが装着されている

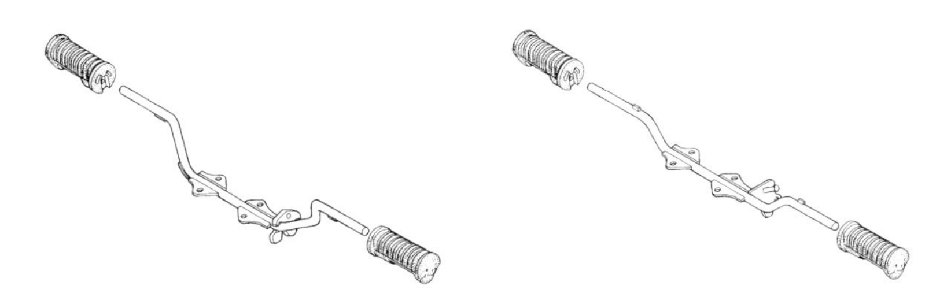

ステップ回りの部品。左がリトルカブ用で、右のスーパーカブ用と比べると20mm高くしてバンク角を確保し、振動を軽減する中空のステップラバーが取り付けられている。踏面も高い

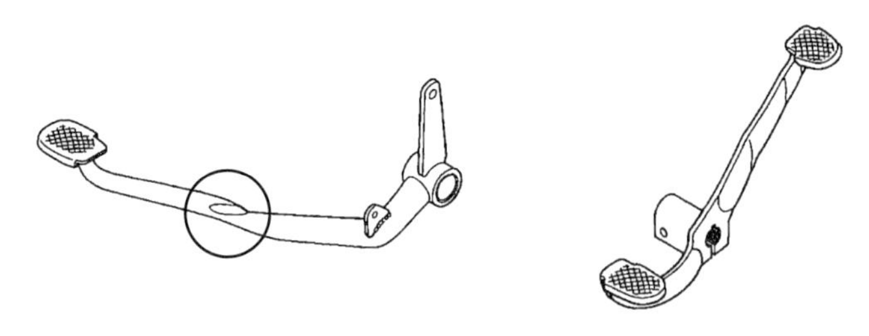

リトルカブ用ブレーキペダル（左）とチェンジペダル（右）

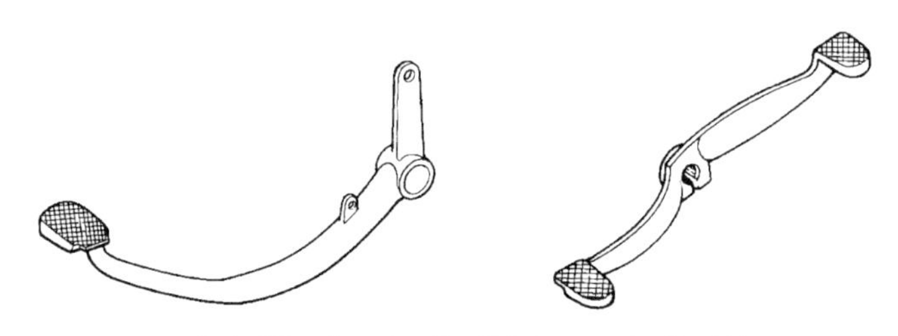

スーパーカブ用のブレーキペダル（左）とチェンジペダル（右）

左上のリトルカブ用ブレーキペダルには左下のスーパーカブ用と異なり排気管の逃げ（○で囲んだ部分）があるのがわかる。またリトルカブ用のチェンジペダルは特に前部の形状がスーパーカブ用と異なり、短く曲がりが大きいことに注意して欲しい

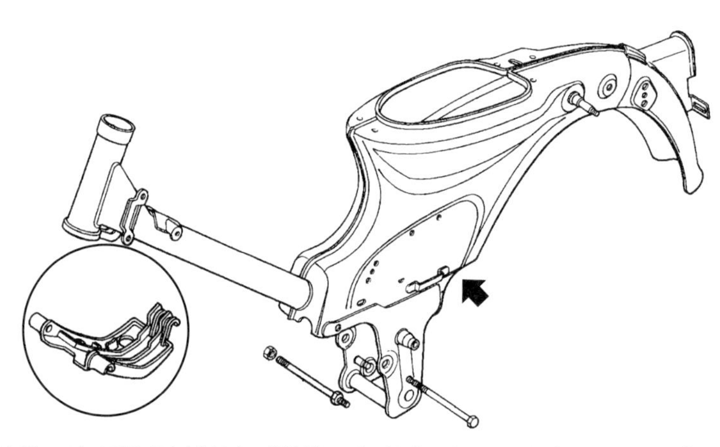

円内がエンジン下部に取り付けられる樹脂製のスキッドプレート。スキッドプレートは、エンジンをガードするために新設した部品。フレームボディの中央下部の切欠き（矢印で示す箇所）はリトルカブの専用フレームの特徴

いた)。

マフラーは、内部仕様やパイプ長さなどの性能諸元をスーパーカブと同じとしているが、バンク角を確保するためにマフラーステーとエキゾーストパイプを専用化して取り付け位置と角度を変更した。

これらの技術手段によりスーパーカブのフレームボディーを流用したまま車体高を下げることができた。この“ベーシック14”は、研究所発のコンセプトだったため、この後、先行テスト車を本社営業部門にも見せ方向性を共有することができた。

■リトルカブのデザイン

先行テストと並行してデザイン室ではスケッチ展開がはじまった。
完成車設計からサイドビューの全体レイアウトを渡し、それをベースにスケッチを描いてもらう。

フレームボディーの大きさ、形はスーパーカブのままでタイヤが3インチも小さくなっているので全体のバランスを取るのが難しい。それに加え、若者にも受け入れられつつスーパーカブに見えなきゃいけないとか、本質だの機能美だのと注文をいっぱいつけながらコストはかけられないとお願いした。PLはさぞかし大変だったと思うが、それをうまく表現してくれた。

<コスト予測>

性能の見通しが立ったら次は製造コストである。

スーパーカブは長年の開発によって1円単位でコストを詰めていることで有名だった。取引先各社の協力や熊本製作所の努力など、長年突き詰めているからこそできている低コストなのである。つまり少しでも形を変えて専用部品になった途端、設備投資が発生したり生産効率が下がったりし大きくコストがはね上がることとなる。そのため可能な限りスーパーカブの部品を流用できるようお願いした。そんな苦心と市場調査から売価16.5万円でなんとか収益性を確保できる見通しがついた。

1996年7月半ば、先行テストの結果と収益性を役員報告して了承され、量産開発への移行が決まった。

<ヘッドライト位置>

デザイン室でスケッチを基にした1/1のクレイモデルの製作がスタートした。イメージに大きく影響するのがヘッドライトの位置だ。コンパクトさを出すため、当初はフロントトップカバーへのヘッドライト取り付けにこだわっていたが、実際にヘッドライトバルブがフレームボディーのヘッドパイプと干渉しない位置にセットしてもらった実車（外観部品が着いていない状態）を見て不安になった。かなり前に出っ張っているのだ。「とにかくクレイを盛ってみるよ」との言葉にそのままお願いすることにした。

その後、デザイン室より呼ばれて見に行ったところ、そこにあったのは異様に飛び出たフロントトップカバーだった。面がつながったせいか輪をかけてひどく見える。デザインPLの小泉さんやモデルPLと、「これはないよね」とお互い納得し合った。

その後、ヘッドライトはハンドル側に移されたが、フロントバスケットを考慮してもタイヤが小さい分スーパーカブよりは低く、初期のC100や登場時のC50DXに似た通称「カモメハンドル」のようなイメージに仕上がった。８月初旬に営業にも見てもらい、ヘッドライトはハンドル取り付けに決まった。

<リアキャリア>

前述の通り小型のものを装着することにしたが、推奨最大積載量は、パーソナルユースを狙ってスクーターと同様の５kgとし、万一、ある程度の過積載が

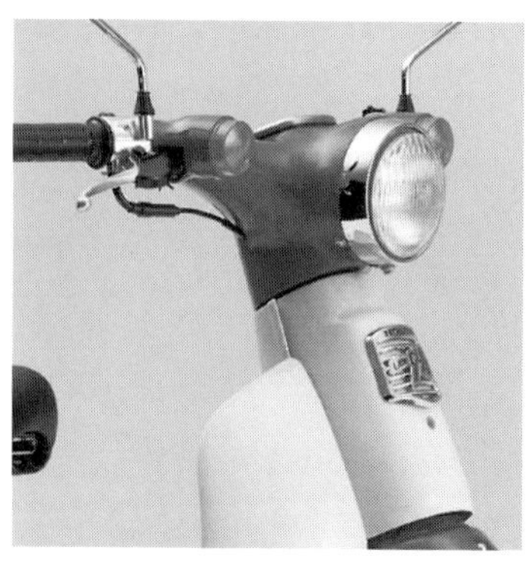

初代スーパーカブC100ヘッドライト取り付け位置はハンドル部より下に収められていた

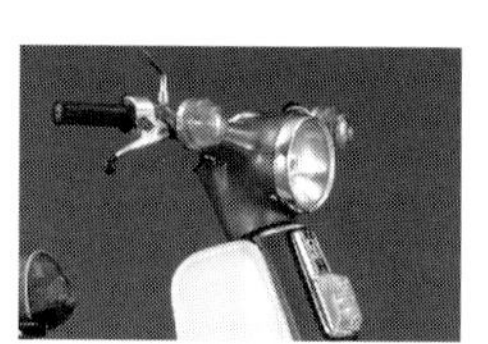

スーパーカブC50デラックス（1971年）通称「カモメハンドル」と呼ばれ、海外モデルにも採用されたデザイン

左のリトルカブのヘッドライトまわりは、構造が異なるもののC100（上）よりも1971年に登場したスーパーカブC50/C70/C90のデラックス（上右）に近い造形である

あってもフレームボディーが破損しないような強度に設定した。

<試作車の製作>

1996年９月に入りクレイモデルもほぼ形となった頃、量産開発の企画提案が承認された。1997年７月量産開始、年産１万台、売価165,000円である。

そして承認を得られた図面をもとに試作部品が手配された。試作品は社内だけでなく取引先にも発注がかかる。

量産開発は時間勝負である。翌年の量産開始に向けた綿密なスケジュールを守らなくてはならない。事業計画に組み込まれるため、遅れればそれだけ収益に影響がでる。開発スケジュールはギリギリの設定なので、大きなトラブルが起こらないように十分先行テストで見通しをつけてきた。試作品の手配ができたので、あとは開発スケジュールどおり試作車ができ上がり、テスト結果が出れば日程は守れる。“ベーシック14”の企画と並行で担当していた別プロジェクトも忙しくなって来ていた。ところが想定外のことが起こってしまった。

<試作品が入らない？！>

それは思わぬところからだった。“マジェスティ・ショック”である。当時250ccスクーターはホンダのフリーウェイとフュージョンの独壇場で、年配層を中心に安定した市場を築いていた。そこに突如ヤマハのマジェスティが登場し、一気に流れを変えてしまったのである。このマジェスティの登場で、少し先に予定されていたフォーサイトの開発が急遽前倒しされ、最優先開発機種となる。フォーサイトの試作部品の発注計画が見直されたため、その影響を受けた“ベーシック14”の部品納期がずれ込んでしまったのである。

予定していた計画がつながらない。特に外装部品はデザイン通りの形状でテストしないと判断ができず、予定通り金型製作に着手できないと量産が遅れることになる。当時、外観形状は木型を作成していたが、木型は職人の手作業なので順番が後回しになると大きく日程がずれてしまう。通常、試作品はその木型をもとに外装面を真空成型で作り、取り付け部やリブは、別部品を接着して作っていた。しかし納期を守ることを優先して、やむを得ず費用は掛かるものの、クレイモデルを反転した石膏型をもとに短期間で作れるFRPで近似形状のカバーを作り、それでしのぎながらできる限りのテストを進めた。こうして、なんとかなる……と、ようやく思われたとき、もう一つ問題が発生してしまった。

＜金型が作れない？！＞

“マジェスティ・ショック”は量産段取りにも影響を及ぼした。熊本製作所から連絡が入り、“ベーシック14”の金型が当初の計画日程通りに作れないと言うのである。フォーサイトの開発の前倒しによって、金型発注タイミングが“ベーシック14”と重なり金型メーカーの予定が埋まってしまったのだ。発注を後にずらせば回避できるのだが、それでは販売が遅れてしまう。製作所の機種リーダーにいろいろ調整していただいたものの、250ccスクーターの部品点数は膨大で、結局その分“ベーシック14”の金型を早めに発注せざるをえなかった。

試作品は遅れ、金型製作開始は早まる、しかも担当していた別プロジェクトの設計検討も差し迫ってきた。この時は本当に参った。何か手を打たなければ量産日程が遅れてしまうが、迷っているとさらに時間は過ぎてゆく。LPLとして早く決断しなくてはといろいろ手立てを考えるも胃はキリキリ痛み、舌の表面に穴が開くなど精神的にもかなり追い詰められていた。

結局、上司や所属グループの他チームメンバーなどからのサポートをいただき、量産金型着手も全点ではなく、時間のかかる大物部品から順次という条件付で承認をもらうなど、出来る限りの対応はしたが、当時の私は目の前のことに必死だったから、実際のところ詳しい出来事はあまりよく覚えていない。

予定外のことはいろいろあったが、チームの努力と職場のバックアップによって、この予想もしていなかった出来事を何とか切り抜けることができた。今振り返ってみれば何もかも一人でやろうと思い過ぎていたのだろう。商品はチームみんなの想いと尽力で創り出していることを再認識した。開発チームメンバーや関係者には今でも感謝している。

■燃費数値の検討

スーパーカブの燃費は非常に優れており、その燃費をたたき出すエンジンはエコランのベースに使われているほどである。そのエンジンを使っている“ベーシック14”にも当然スーパーカブ並みの燃費が求められるが、実力はスーパーカブより少し低めの125km/L（30km/h定地走行）である。

この要因は、タイヤの小径化と幅の拡大によるものだが、これはリトルカブの基本的な仕様であり、それを変えてはコンセプトが変わってしまう。仮に燃費向上のデバイスを盛り込むにしても時間とコストがかかってしまって、その分最終的にはリトルカブの売価もアップしてしまうことが予想された。お客様にこのような負担がかかってしまうことは絶対に避けたかった。

私たち開発陣は、最終的にリッターあたり125kmという燃費は、お客様に十分満足していただけるレベルであると判断し、あえて対応策を図らず、コストの上昇を抑えることを選んだ。

■ネーミング

そんな切羽詰まった中の1996年11月６日、開発していた“ベーシック14”の正式名称が決まった。この名称は開発チームから提案した名前だったと記憶している。

名前を決めるにあたってチーム内で話しあったのは、やはり“CUB”は入れたいということ。それとシート高が低いこともネーミングで表現したいと言うことだった。「ミニCUB」「CUBミニ」「14CUB」「CUB14」「リトルCUB」「リトルCUB14」などいろいろなネーミングが出されたが、「ミニ」は三菱自動車がパジェロMINIで既に使っていたし、「14CUB」は形式的すぎる。

「リトル」の表現は、ホンダには以前1966（昭和41）年に発売したリトルホンダP25にもあって“ホンダらしいイメージ”があり、うまくコンセプトを言い表しているので、名称は最終的に「リトルカブ」を提案した。タイヤサイズを表す“14”の数字は名称にこそ入れなかったが、このコンセプトの基本であるのとデザインPLの想いもあってエンブレムに入れている。

■売価の再設定

1996年11月の後半、営業の観点から量産コストの評価会でいきなり販売価格を165,000円から159,000円まで下げることが決定した。これはスーパーカブシ

リトルホンダP25
1966年7月発売。誰もが気軽に乗れる自転車感覚のペダル付モペット。前後輪ともにハンドブレーキ。ペダルのみによる走行も可能で始動はペダルによって行ない、変速装置はなかった。後輪部分にあるエンジンは空冷4サイクルOHCで1.2ps、車重45kg。価格29,800円

リーズ全体の価格バランスを重視したためだが、仕様が固まりつつあるこの段階でいきなり6,000円も下げるのは大変なことだった。

急遽、チーム以外の研究所メンバーにも集まってもらって価格を下げる検討を行なった。しかし元々装備は絞っているし、スーパーカブからの流用品についてはこれ以上コストを安くできない。したがってリトルカブの専用品で調整するしかないということになり、部品の加工工程を減らすなどして造りの無駄をなくしたり、サイドカバーのエンブレムをよりシンプルなステッカーに変更したりするなど、細部にわたって部品などの見直しや工夫を繰り返し行なってみたものの、なかなか目標を達成することができなかった。

そこで、購買部門にリトルカブの狙いと位置づけを伝え、コストの調整をする体制を取ってもらって、何とか価格を下げる目途をつけることができた。

■開発完了から量産へ

使い勝手や操縦安定性、強度、ブレーキなどの各機能テストが何とか進み、1996年12月に入って実走による耐久試験が始まった。ただし、そこは基本的な部分がスーパーカブベースとなっているので、大きなトラブルもなく終了し、無事に年を越すことができた。

しかし、年明け早々には量産用の金型の製作に入るための承認を会社から取り付けなくてはならない。なんとかフロントカバー、フロントフェンダー、ハンドルカバーなどの大物部品のテストに目途をつけたものの、内心落ち着いて正月を過ごしてはいられなかった。年明けすぐに開発状況を報告し量産金型のス

タートを掛けた。開発完了に向けて各部門の忙しいスケジュールが続いたが、大きく日程を左右するような問題も発生せず、1997年1月末に研究所としての開発完了を迎えた。

こうして研究所への開発完了に続き、1997年3月には二輪事業としての開発完了の報告を行ない、承認された。

■量産金型品による組立

1997年4月になると、待ちに待った量産用の金型ができ上がり、熊本製作所で最初の完成車が組み上げられた。この車両で量産に向けた製造の段取りや各種テストを行ない、製造ノウハウや品質を確保することになる。同じく認定取得用の車両も組み上げられた。

試作車と同じ図面で作っていても、量産では製法が違うので細かな不具合が出てくる。一品造りの試作では読み切れない事態である。量産型や工程によって試作の精度が出せない部品や、作り込みがまだできていない部品や工程などのためにうまく組みあがらなかったりする。

量産に向けた熊本製作所内での対応会議では、組立メンバーから「ハンドルの首元にワイヤーハーネスが通せない」との報告があった。首元は、外観変更に伴いハンドルブラケットを専用にしているのだが、そこの隙間が狭く、ワイヤーハーネスカプラーを一つずつ通していると時間内に通しきれないということらしい。

報告の主旨はわかったが、ブラケットの隙間を広げるには外装を変更しなくてはならない。外装部品は金型品なので、当然もう変えることはできない。何とか組み方を工夫して対処できないものかと、実車を前に組立メンバーと私とで、ああでもないこうでもないと時計を見ながら計測してのトライ&エラーを繰り返し、やっとのことで時間内に通せる手順を見つけることができた。

しかし翌日、その組立担当者が来て、「やはり組めない」と言う。「昨日組めたじゃないか」と伝えて、現状をよく聞いてみると、昨日は何度も組み通しを行なったことで、ハーネス自体が柔らかくなっていたから組めたらしく、新品は固くて思うように曲がらないらしい……ということであった。原因はわかったが、今度は打つ手が思いつかない。しかし以後はそれ以上の報告は無かった。一度はきちんと組めるようにできたので、製造サイドで解決策を見つけてくれたのである。こうした量産前の製造課題に関しては、職人達の技や経験が大いに助けになることが多く、本当に頭の下がる思いだ。

だが、さらにここでもフォーサイトの量産立ち上がりの影響がでていた。製作所の人手が取られ、特に外装部品の熟成と合わせ建付けがなかなか進まない状態だったのである。金型品の中でも、モロッコブラウンで成型されたフロントカバーを見て私は閉口した。センタートンネルのサイド面が大きく何重にも波打っていたからである。部品の色が濃いのでよく目立つこともあり、これでは商品にならない。

フロントカバーは部品の中でも大きな金型部品なので大変な事態だと思った。しかし、品質部門のメンバーを無理やり捕まえて話をしても「今はフォーサイトの対応で手一杯、成型条件のせいなので後でも何とかなる」と言われ、相手にしてもらえない。量産予定の７月に入っても直らない“波打ち”に、最悪の場合は、リトルカブの立ち上がりがずれ込むのではないかと不安となり、あちこち頼み回った。しかし、フォーサイトが片付くにつれ、それぞれの部門の職人達が解決策を見いだしてくれて、この“波打ち”は月末の量産前には見事に直っていた。この時にもやはりものづくりの現場の対応力はすごいと感じた。設計図だけでは商品は出来ない。造り上げる人がいてこそだ。

こうしてリトルカブの量産までには、製作上の課題はすべて解決し、無事に量産へ進めることになった。

1997年７月28日、リトルカブは正式に発表され、販売価格は159,000円であった。そして翌月の８月８日には全国で販売が開始されたが、初代のスーパーカブC100の発売は1958年の８月であり、このリトルカブは、ちょうど同じ８月に生まれた記念すべきモデルとなったのである。

■新しいカタログ

1997年３月末にカタログについて、お客様にどのようなことを伝えるか、開発側とカタログ制作側との整合会を実施。今までのビジネス色の強いスーパーカブのイメージを払拭し、パーソナル指向と新しさを出したいと伝えた。
そうした私たちの考えを反映してでき上がったのが、「カジュアルなジャケット姿の男性が赤いリトルカブに乗って颯爽と走っている写真」を収録したカタログである。背景のレンガの壁には、グリーンのリトルカブとロゴが描かれていてお洒落な演出がされていた。
カタログに記載された“乗るひとまかせで、どこへでも。ちょうど小さい「カブ」なんです。”というキャッチコピーは、まさにリトルカブのコンセプトを言い当てていて、さすがだなあと思ったものである。
リトルカブの導入時に作成したこのカタログは、中を開くとシルバー、グリーン、レッドの３色のリトルカブが並べられ、リトルカブの特徴について写真も含めて説明文が収められている。さらに後方の壁には、さりげなく歩く女性の姿が描かれているなど、女性や若者もターゲットとしており、質実剛健なイメージで構成されていたスーパーカブのカタログとは違っていた。
こうしてリトルカブのカタログに関しては、以後もパーソナルユースとファッション感覚をさりげなく伝える……という、今までのスーパーカブシリーズにはない新しいカタログ展開を進めることになったのである。

■発売後の反響

発売からしばらくして購入して頂いた方の調査結果が出たので見てみると、年配者の乗り換えと若者に二分されており、ほぼ予定通りの台数が出ていたのでひと安心であった。
しかし、無事販売されたものの、実は私は気が気ではなかった。リトルカブは特に新しい技術を投入したわけではなく、故にすぐにライバルメーカーが同様なコンセプトをぶつけてくると思っていた。当時ヤマハのメイトやスズキのバーディなど競合車種はあったものの、スーパーカブの市場には大きな変化は出ていなかった。
そこにリトルカブによって、ホンダがこれから広がりそうな新しい切り口を提示したことになり、ヤマハやスズキがここにすかさず切り込んできてもまったくおかしなことではなかった。

しかし５年たっても競合モデルは出てこなかった。しかし、杞憂だったかと思われた2004年、スズキから新バーディ50が発表された。それは14インチタイヤ、シート高705mmと基本仕様では同じであった。しかし、コンセプトは見た限り実用を主体にしているようで、リトルカブでフォローできていないところを狙ってきているのではないかと思われた。どちらにしろお客様の選択肢が増えることで市場が活性化するのはうれしいことである。

■１億台突破の栄誉

リトルカブが発売されてから２ヶ月後の1997年10月13日、ホンダの二輪車の累計生産が１億台を超えた。何とリトルカブはその代表モデルとして、１億台目を祝う記念式典でラインオフするという栄誉が与えられた。

リトルカブは、スーパーカブシリーズの中で、生産終了まで日本国内で生産されたモデルであった。さらには近年のパイプ構成によるフレームに変更されたスーパーカブと異なり、初代のスーパーカブC100から連綿と受け継がれていた鉄のプレスフレームを持った形式の最後のモデルでもあった。

■モデルの変遷

予想以上の好印象で市場に受け入れられたリトルカブは、発売後に様々な記念モデルが企画され、数々の限定車が発売された。

まず、1998年に発売されたホンダの創立50周年を記念するモデルがある。初代C100の初期暫定配色車のイメージカラーを再現し、記念の立体エンブレムがサイドカバーに装着されていた。

そしてそれから10年後の2008年には、スーパーカブの発売50周年を記念する

1997年に、従業員に配られた「1億台記念テレカ」。乗っているのは川本信彦社長（当時）

モデルが登場。このモデルは、初代スーパーカブのカラーコンビネーションを現代風なカラーにアレンジしたものであった。

また、2013年にはスーパーカブの55周年記念モデルのリトルカブがある。赤と黒、赤一色の２種類のカラーでコーディネートされた車体には、「かわいらしさ＋元気で小粋」なリトルカブのイメージを引き出したい、という担当デザイナーの強い想いが込められている。

そして2015年春に発売されたのは、スーパーカブが立体商標として認定されたことを記念するモデルである。サイドカバーに装着されるエンブレムには、スーパーカブのシルエットとカタカナの「スーパーカブ」の文字が使われている。

このように、リトルカブは生み出された後も様々な魅力で長くお客様に愛されているモデルであった。

1958年以来、スーパーカブシリーズの世界累計生産台数は 2017年10月に１億台を突破し、以後も生産が続いている。これはそれだけ多くのお客様との出会いがあったことを意味する。私たちが開発した1997年８月発売のリトルカブは、2017年７月に生産終了までの20年間、国内販売専用車として国内累計販売台数が163,062台であった。日本市場のみで年間で約8,150台を販売してきたことになる。

リトルカブの開発を振り返って見ると、仕様的には、簡潔にいうならスーパーカブのタイヤサイズダウン関連の対応と、外観変更が主体の中規模な開発ではあったが、コンセプトの部分ではスーパーカブとは何であるか、世の中

実車だけでなく、なかなか凝った作りのホンダ創立50周年記念車のカタログ（1998年）

2008年に発売されたスーパーカブ発売50周年記念車。
前頁のホンダ創立50周年記念車と一見すると極似しているが、フロントフェンダーがボディーと同色の標準配色車に近い仕様である。サイドエンブレム、エンジンの色、リアダンパーのカバー等が異なり、マフラーガードが装着されている。
またエンジンは、電子制御燃料噴射システム（PGM-FI）が採用されており、排出ガスを浄化する触媒装置をエキゾーストパイプ内部に装備し、環境性能が高められた

のお客様にはどう受け止められているかから始まり、具現化する技術手段の検討、絞込みなど、フルモデルチェンジに匹敵する内容の開発であった。いろいろな使い方に合わせた機能を追加するのは比較的容易であるが、本質に向かってムダを省き、つき詰めていくのは骨が折れる作業であった。

量産開発が始まってからは、途中で他機種の計画変更に翻弄されたりはしたものの、先行検討で基本部分をしっかり固められたのでコンセプトにブレはなく、皆さんにもわかってもらいやすい車に仕上がったのではないだろうか。

最後になるがリトルカブのLPLとしてお伝えしたいことがある。この本の読者の中にはリトルカブのオーナーである方もいらっしゃると思う。そんな皆さんはどのようにしてリトルカブと出会い、その後、リトルカブとどんな生活をされているのだろうか。

リトルカブという小さなオートバイが、それぞれに様々な思い出を作り、良きパートナーとして愛用され、皆さんの人生の１ページに彩（いろどり）を添えているのなら開発者の一人として本当にうれしい限りである。

二輪に限らず新しいものを開発するには大変な思いをすることが多いが、携わったメンバーはそれによって皆さんの広がる世界を夢に描きながら、それをモチベーションに日々切磋琢磨している。夢は力の源になっているのだ。

Little Cub Column 1

スーパーカブと同等の燃費を達成！

スーパーカブ50の燃費は非常に優れており、同じエンジンを継承したリトルカブにもスーパーカブ50並みの燃費性能が求められる。しかしリトルカブは、前後タイヤサイズを17インチから14インチに変更したため、ローギアード化による燃費の悪化が避けられない。そこでお客様の使い勝手を考慮し、走行に支障が無いように最適なファイナルレシオを選択した。車速30km/hでの定地走行テスト値でスーパーカブ50の135km/Lより低い125km/Lとなったが、開発陣は、実用上お客様にご満足頂ける数値であると判断した。

その後、1998年12月にセルフスターター付エンジン搭載車を追加し、ミッションギヤを3速から4速にしたことで、さらに低燃費化を進められることとなった。キック式のみの3速車を超えるプラス7km/hの132km/Lとなり、スーパーカブ50とほぼ同等の燃費性能を達成できた。

燃費

リトルカブがデビューした1997年頃のスーパーカブSTDの燃費は135km/Lであった。その時リトルカブ（キャブレター・3速車）は、125km/Lであったが、翌1998年セル付・4速仕様車が追加され、130km/Lを達成している。

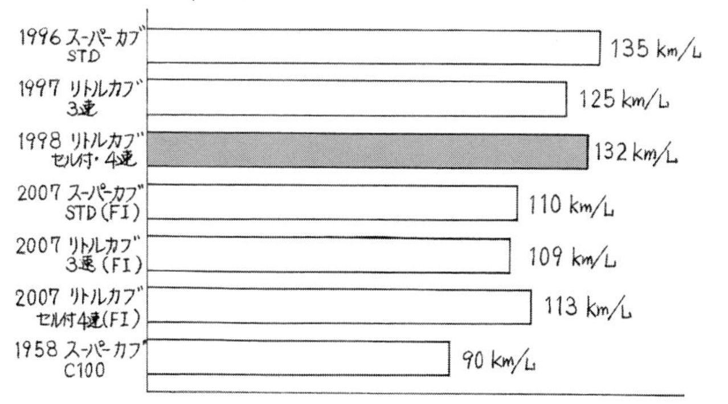

リトルカブのデザインについて

小泉一郎

当時の所属：㈱本田技術研究所 朝霞研究所 第６設計ブロック　デザイン担当
1977年に朝霞研究所に入社以来二輪デザイン室（朝霞）に在籍。入社後、初めてのデザイン担当は、モトコンポ（初代シティーに搭載可能バイク）、その後モトラ、ビート、リーダー、スーパーカブシリーズ（リトルカブ含む）、NOVA（ノバ）などを担当し、以降はオフロード機種のデザインまとめ役などに携わる。
リトルカブの開発では、デザイナーとして細部にわたるスケッチ提案を含め、長く愛されるモデルの誕生に貢献した。現在はOB。

■モトコンポのデザイン、東南アジアでの経験

私は、リトルカブをデザインする以前にモトコンポやモトラ、東南アジア向けのホンダ カブ100ＥＸをデザインした。

モトコンポは、４輪車のシティの後部に搭載出来るオートバイとして開発を進めた。シティのトランクに入る小ささということで、モトコンポの全長は開発の前から決まっているという機種開発であった。

ホンダ カブ100EXは世界戦略モデルだった。当時の東南アジアでは、ホンダの二輪車シェア率は３位。１位になるべくホンダ カブ100EXが開発された。タイホンダではなかなかデザインが決まらなかったが、現地の食べ物を食べたりライフスタイルをよく観察したりして、東南アジアでは実用とステータスの両方を兼ね備えたモデルが好まれることを理解したうえで、最終的なデザインを決定した。ヘッドライトとウィンカーがハンドルカバーに埋め込まれたデザインや、大きく角ばったヘッドライトとテールランプは、その当時、新しく立派に見えることが重視されたためである。なにしろ当時の東南アジアではスー

ホンダ モトラ
前後に大型キャリアを装着し、アウトドア感覚のデザイン等を取り入れて人気を博したモトラ

２輪車と４輪車を楽しむという発想の元､誕生したモトコンポ(1981年)。ハンドル部やシート等を巧妙に収納することでシティのトランクに固定することができた

ホンダ カブ100EX（1988年）
ヘッドライトやウインカー等、全体的に直線的な角型デザインが基調となっている（上）。またリアテールレンズとウインカー等も一体型の仕様であった

パーカブ１台が高価な乗り物であった。

ノバなどの若者向けのモデルもデザインした。若いユーザーがフロントカバーを外して乗っている光景を目にして、フロントカバーを小さくデザインしたりした。こうしてユーザーがカブに求めるイメージについて日々考えた。

■デザインにおける先行検討

リトルカブのデザインにはいろいろな思いが込められているが、まず需要創出グループからお客様の声として、「長年スーパーカブ50に乗っているけど、最近身長も縮んでしまって、地面に足がつかなくなって転んでしまった。もうスーパーカブ50に乗れない！ この辺は田舎なので他の交通機関が無く、とにかく困った」というレポートを報告された。また、ホンダとしてスーパーカブのユーザーの高年齢化が進み、レポートのように乗れなくなってしまうお客様が増える可能性を考え、小径タイヤのスクーターではなく、大径タイヤで悪路でもしっかり走れ、だれでも乗れるバイクの検討に入ることになった。

初期段階では、既存のスーパーカブを意識することなく、アップマフラーでオフロードタイヤを履き、どこでも走っていけるようなハンターカブCT110タイプや、大きくイメージを変えたものなど、自由にスケッチを展開した。

その時点では、安心や信頼の機能充実、新しい形態の提案で、『次世代ニューベーシック』となる、大上段に振りかぶったキーワードを提案することを考えていた。

リトルカブの開発初期段階に新しく提案した『次世代ニューベーシック』

■リトルカブのスケッチまで

しかし既存のスーパーカブ50に対して専用フレームを作ることに関しては、新規製作となるが、特にプレス部品の完全新作は、大幅なコスト増になるので断念した。そこでスーパーカブ50に14インチタイヤを履かせて外観バランスや機能性などを確認してみたが、サイドカバーやシートなどの兼ね合いで外観的にバランスが悪く、とても商品になるレベルではなかった。しかし、結果としてシートの高さが低くなったことで、このコンセプトに対する可能性を感じた。

スーパーカブに14インチのホイールを装着したアイデアでは、機能的にも地上高の確保にも不都合があり、設計と機能グループが別途開発を進めることになった。しかし同時に実車で確認したことが功を奏し、部品を流用したことで、コスト増を抑えたい人達への有効な説得にもなった。やっぱり現物で確認することは大切だと感じた。それから最小限の変更で最大限の効果の出る道を探り、樹脂部品を変更すれば何とかまとまりそうとの結論となり、スケッチを開始したのである。

■スケッチ展開

プレスフレームや他のプレス部品はスーパーカブから極力流用（ただし機能的には多少の変更が加えられた）し、フロントフェンダー、フロントトップカバー、ハンドルカバー、フロントカバー（レッグシールド）、サイドカバー、シートなどは専用とし、“最小限の部品変更で最大限の効果”を目指しながら

リトルカブのスケッチ。ヘッドライトの位置はコンパクト化を求めて当初はフロントのトップカバーに取り付けることを考えていたが、実車ではスケッチのようにコンパクトにまとまらず中止することになった

も、結果的には大がかりなことになった。

スケッチ展開にあたって、まずターゲットユーザーは17インチのスーパーカブに乗れなくなったお年寄りとした。そしてスーパーカブの信頼感をそのまま継続し、すぐに乗れそうな安心感を主眼にレトロ感のあるデザインをプラスし、あわよくば若い人にも受け入れられるのではないかと思いながら全体スケッチを進めた。また、ヘッドライトの位置は、車体をコンパクトに見せるため初代のスーパーカブC100のように、フロントトップカバーに付ける案でスケッチを描き、先行レイアウトを行ない、実車にクレイを付け確認した。

しかし、あまりにも前に突き出し、スケッチのようなコンパクトさとは程遠いものになったためにあきらめた。そこで、ハンドルカバーにヘッドライトをつけるレイアウトを最終案としてスケッチを進めた。

■ハンドルの形について

リトルカブのハンドルは、スーパーカブC50DXに一時期装着されていた通称「かもめハンドル」と呼ばれるハンドルに形状が似ている。これは、ライディングポジションを確保するために、ハンドルの高さを従来のままにしてヘッドライトの位置を下げたかったからだ。そうすることでコンパクトさを演出した。ハンドルと同じ高さにヘッドライトがあると、どうしても大きく立派に見えてしまうのだ。

■アイデアスケッチ

最終案のスケッチは以下のように各部分ごとに配慮をして描いていった。

1. ハンドルカバーはサイドビューではほとんど表現されないが、特にヘッド

最終段階のスケッチ。ヘッドライトの位置、フロントフェンダーやサイドカバーの形状に加えてウインカー等、全体的にほぼ量産モデルに近いデザインが完成していた

ライト回りの丸みを感じさせる表現をした。

2．フロントフェンダーは、サスペンションに伴うフロントタイヤの特有の軌跡をカバーするため、フェンダー前端を前に延長、対泥はね性能を満足させるために後端を下方向に延ばすレイアウトではあったが、スケッチではコンパクト感を表現するため少し短めに描いた。

3．同様にサイドカバーは、バッテリー（当初セル付の計画はなかったが、あらかじめセル対応の大型バッテリーを考慮している）等が入るため、大きくなりそうなレイアウトではあったが、スケッチでは少し小さめの表現をした。

4．フロントカバーは、足にあたる泥はね、風の巻き込み、エンジンへの冷却風の導入などの様々な機能が絡み、サイドビューのみのスケッチでは表現できないので縦と横方向の丸みを想像しながらスケッチを描いた。このスケッチも上下方向で短く表現した。

5．シートは、シート高を守りながらできるだけコンパクトに、シンプルな表現をした。

6．リアキャリアは、スーパーカブのキャリアがプレス部品とパイプの組み合わせでできている大型のものなのに対し、パーソナルユースを考慮して積載量を少なく想定したパイプのみの小型の新規のデザインとした。

7．電装品（ヘッドライト、テールライト、ウィンカー、メーター）は、他機種からの流用品でコンセプトに合ったものを選択した。

当時は、コンセプトを第一に表現することを主眼としたサイドビューのみのスケッチ展開であり、実際の量産品と比べるとほとんどの新規部品は細スーパーカブのスタンダード(1995年)とリトルカブ(1997年)のデザイン違いを同じアングルによって比較する。リトルカブ(右下)のフロントフェンダーは上写真のスーパーカブに比べてコンパクト化され、フロントタイヤのボトムリンクサスペンションによる独得の軌跡をカバーするために前端を前に伸長して泥はね等に対処している。またヘッドライト回りに丸みを感じさせるデザインと、テールライト、ウインカー等は、他機種からコンセプトの合うパーツを選択して流用した。リトルカブ独自のフロントカバーは、従来の機能を損なうことなく上下方向を短くしてデザインしている

部で異なっていた。そこでクレイモデルに張り付いてモデラーと一緒に、自分でクレイ作業することを前提に立体を完成させる心づもりだった。

■クレイモデル

クレイモデルの展開は、デザイナー1人とモデラー1人の2人で作業を進めていった。ただし、評価前などの日程が迫っているときには多数のメンバーに助けてもらい切り抜けていった。

クレイモデルの製作は、スケッチのイメージを損なうことなく様々な機能を満足させながらさらにコンセプトを立体に表現するという、大変難しい作業と

2001年にはリトルカブのパイプ構造のリアキャリアを流用して銀/黒と黄/白（ボディカラー/フロントカバー）の2種のカラー配色のスーパーカブ50（ストリート仕様）が誕生している

なる。

そこでホンダのコレクションホールから初代のスーパーカブC100を借りてきて、C100のコンパクトさを参考にリトルカブをデザインした。

社内では、昔からスーパーカブC100はバランスのとれた良いデザインだと言われており、またホンダ創業者の本田宗一郎がデザインしたということもあり、思い入れがあった。それだけにスーパーカブのデザインに手を付けるのには勇気が必要だった。

C100を横に置いて、幅や高さを参考にし、リトルカブのデザインにスーパーカブC100の「大きさ感」と全体のバランスを採り入れようと考えた。そこで、当初のスケッチではヘッドライトをハンドルカバーより下に配置したモデルも考案した。ヘッドライトの位置を下げることによって、コンパクトさを演出したかったのだ。

クレイモデルを製作する上で苦労したのはフロントカバーだ。小さくてもしっかりと風と泥はねを防ぐ性能が必要だった。テストライダーは真っ白な服を着て、泥水の上を何度も走り、最終的に機能とデザインの両方のバランスを満たすフロントカバーが完成した。

特に一枚の樹脂で出来ているフロントカバーを表現するため、本来厚みや芯材の必要なクレイでは、モデラーの腕が発揮され、立体にするセンスと根気は自分には到底できないものであった。成型品のほとんどには見える部分と見え

完成したクレイモックアップモデル。最も苦労したのは、リトルカブ用としてデザインしたフロントカバーで、機能性とデザイン面双方での難しい条件をクリアーするために何度もテストを重ねて、最終的な形状を決定した。またセル仕様のために大型バッテリーを収める、という要件を求められていたサイドカバーもイメージを守り、立体表現をまとめた

ない部分、つまり表と裏が存在するが、フロントカバーは両面がきれいに成形されていなければならなかったから、実際に製作する上でも苦労した。

当然２人チームはコミュニケーションも良く、作業はスムーズに進んでいった。クレイモデルで再現できない新規のパイプのリアキャリアは、近くにあった自在に曲がるアルミ棒を芯としてゴムパイプに通し、黒く塗ってあっという間に作ってくれた。時間のかかる外注品を待っている間、クレイモデルの全体イメージを把握するため本当に助かった。サイドカバーもセル仕様の大型バッテリーを入れるために、スケッチの大きさでは当然だめで、何とかイメージを守りつつ、スケッチに比べかなり大きなサイズとなってしまった。２人で作り込むという手法により、満足感ある立体表現がまとまった。

■手描き線図

クレイモデルも承認され、まずアナログ測定器でクレイモデルを測定し、三面図（XYZ）にプロット（製図すること）した。次にそれをベースに手描き線図をデザイナーが鉛筆をキンキンに尖らせ、特製カーブ定規を使い、稜線とセクションを一本ずつ描き込んでいく。

最後に三面の辻褄を合わせる作業を時間に迫られながら必死に地道に仕上

げていった。近年は分業化が進み、デザイナーがここまでかかわることが少なくなってきているが、ここまで手を掛けたおかげか一つ一つの部品の形状に今でも愛着を感じる（この後、外注で木型→金型へと進んでいったのだが、それぞれの現場に出向き、それぞれの職人さんと触れ合ったこと、ノウハウ等の裏話や苦労話を聞いたことも大変興味深く、貴重な経験となっている）。

■ディテールスケッチ

メーターパネルのデザインは、文字とゲージは丸い印象で、ゲージを黄色・文字盤を茶色と見やすく温かみのあるものとした。

フロントエンブレムは、プレス品で中にホーンが入っているため穴が大き目に開いているレトロ感あるC100のデザインをできるだけ踏襲しようと思った。

スーパーカブ50のエンブレムは四角ばっていて押し出し感があり、ビジネス車然としている。それに対しリトルカブは親しみやすさがあり、なおかつ厚みも控えたデザインとした。エンブレム中央にはステッカーを貼るスペースを空け、この車の一番の特徴である14インチの小径タイヤを表現する14の文字を入れたデザインにした。サイドカバーのステッカーも「14」の文字を大きめにし、この車のセールスポイントを主張するデザインとした。

■サイドカバーのデザインについて

アイデアスケッチの段階では、サイドカバーは小さかったが、実際に製作している過程では丸く膨らみのあるデザインになった。これはセル付モデルに搭載される大型バッテリーのためのスペースを確保するためだ。モトコンポをデザインした時は、モトコンポ専用のバッテリーを開発することができたが、そういった意味では真剣にバッテリーの角を削れないかと考えたほどだった。

フロントエンブレムは、レトロ感のある初代スーパーカブC100のイメージを取り入れながら、14インチのタイヤを表現するために「14」数字を大きめに入れてデザインした。実車には左側のデザインを取り入れている

リトルカブのメーターデザイン。見やすく温かみを持たせるため、文字盤は茶色の塗色とし、ゲージは黄色とした。文字もリトルカブのイメージで丸みのある書体（右）を最終的に採用した

■カラーリング

カラーリングは３種類。①スプリングターフグリーンメタリック×ココナッツホワイト　②ジョリーレッド×ココナッツホワイト　③スパークリングシルバーメタリック×モロッコブラウンを設定し、ユーザーの選択の幅を広げた。

カラーリングの最大の特徴は、スケッチにもあるように濃い色のフロントカバーを当初から考えていた。それは、悩んでスケッチを描いているとき『夢』にまで出てきた色だったからだ。主体色を温かみのあるシルバーとし、濃い茶色のフロントカバー、サイドカバーという組み合わせである。

フロントカバーは初代C100から淡い色が採用されてきており、中でも白系の色が圧倒的であった。しかし、この３色はビジネスユースのスーパーカブと比較して、パーソナルユースが主体のリトルカブのコンセプトが、スケッチでもはっきり異なることを主張すべく提案したものであった。

研究所での開発も終盤に進み、カラーリングのバリエーション（３色設定）も決まり、製作所の大型インジェクションマシーンでフロントカバー製造の先行トライをする時期に「ちょっと熊本製作所に来てくれない？ いや、来い!!」と連絡があった。熊本製作所の樹脂成型工場の建屋の前には、白と茶色のマーブル模様の樹脂板がまるで飛び石のようにたくさん並べてあった。中に入ると、「外の樹脂板を見た?!」。インジェクションマシーン（射出成形機）の樹脂色替えの時、前の色と次の色が混じりマーブルが消えるまでは良品はできない。特に、白から濃い茶色にするのはかなり効率が悪く、できるならやめて欲しい。無理ならもう少し淡い色にして欲しい。「初代スーパーカブの薄い青くらいでは？」と、工場の偉い人から現場の人にまで、数人に囲まれて修正を迫ら

濃い色調のフロントカバーは、パーソナルユースが主体のリトルカブに採用したいと当初から考えていたアイディアであった。茶色のフロントカバーは製作側からは、当初クレームが寄せられたが、量産では茶色のフロントカバーとサイドカバー、ボディカラーはシルバーというリトルカブ独自のカラーリングを実現することができた

れた。多勢に無勢であったが、ここは「やってください!!」と初志貫徹。「本当は、3色の主体色に合わせて3色のフロントカバーの設定をしようかと思っていたんですよ」と逆に開き直り、何とかその場をしのいだ。量産モデルには、見事に濃い茶色のフロントカバーを装着することができたが、これは「MADE IN JAPAN」の優れた一例だと思う。

製作所の方々には、その後の開発においても色々と自分の考えを主張して大変ご苦労をかけた。今も足を西に向けては寝られない思いだ。

■まとめ

色々な人の苦労があって量産され続けたリトルカブ。自分は海外生産車を多く担当していたため、担当した車を日本の街中で見る機会は少なかった。

しかし、リトルカブが駐車していると、どんな人が乗っているのだろうと思いを巡らせるのが楽しかったし、先日も新車のリトルカブが交差点に止まっていたので、しげしげニタニタと眺めていたら、運転者は怪訝（けげん）な顔をして走り去ってしまった。

自分の描いたスケッチが動いている!! この仕事をしていてよかったなあ、と感じるときである。

リトルカブの外装部品の設計について

近藤　信行

当時の所属：㈱本田技術研究所 朝霞研究所 第２設計ブロック　外装設計担当
1987年に朝霞研究所に入社、スクーター開発完成車設計チームへ配属後、リトルカブの他、パックスクラブ、ディオフィット、ジョルノクレアなどのスクーターを担当する。その後イタリアのR&D駐在時代には、SH125/150の現地開発責任者を経験し、インドのR&Dに駐在。リトルカブの開発では外装設計を担当し、スクーター設計経験を活かして、スクーターの持つファッションテイストを取り入れた。現在の所属は本田技研工業㈱二輪事業本部 ものづくりセンター 完成車開発部。

私がリトルカブの開発に参加したのは、既にコンセプトが固まり、クレイモデルでの検討がスタートした後だったと記憶している。当時の私は入社以来スクーター開発の経験しかなく、リトルカブでカブ系の開発に初めて携わったのであった。

当時、朝霞研究所の車体開発組織は機能別に分かれており、そのなかで私は外装部品設計を担当した。

スクーターの外装設計で腐心するのは、いかに外観パーツを分割し、合わせ構造を外観上美しく、かつ量産性のあるものとするかという点ある。

リトルカブではコスト上の制約もあり、旧来から綿々と使われてきたプレスフレームに対し、外装カバーを合わせ込んでいくという手法を取らざるを得なかった。

従って設計年次の古いプレスフレームとの合わせ部は、図面寸法で合わせ端末部を抑える部品もあれば、今では当たり前となった３Dデータで合わせる部品もあり、といった具合であった。

■当時の生産技術

近年では設計、金型製造共に３Dデータを使用するのが当たり前となっているが、当時ホンダの２輪生産技術はフル３Dデータによる金型加工への過渡期であった。

設計図面は３Dデータを部分的に活用した２D図。金型製造は図面より別途加工用３Dデータを作成し、木型モデルを作成。それをデザイン担当が確認、不具合部は修正し、承認されたものをマスターモデルとし、倣い加工機にて金

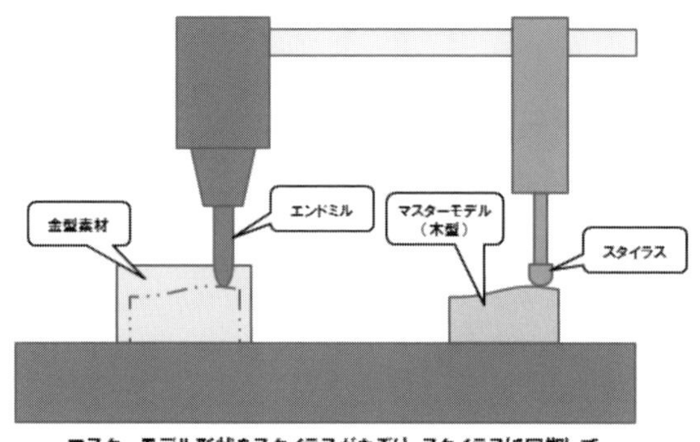

倣い加工機概念図

型加工するという手法をとっていたのである。

■部品開発

○フロントフェンダー

スーパーカブ50のフロントフェンダーは多少の接触等があっても破損しないように、弾力性、復元性に富んだポリプロピレン（以下PP）を使用しているが、PPは剛性が低く、フェンダー端末が振動で振れやすいため、ベースになったスーパーカブでは、フロントフェンダー後端にステイ形状を一体で作り、フロントフォークに締め付けることで、フロントフェンダー後端の振れを軽減している。

しかしリトルカブはホイール径が小さくなった関係で、同じ構造を取るとこのステイ形状がサイドビューで目立ち過ぎるため、スチール製の別体構造とした。レトロ感を出すために当初ロッドの使用を検討したが、コストや重量的にロッドだと不利なので、プレスにてロッド風の形状とした。

○フロントカバー

フロントカバーは外観の印象を左右するキーとなるパーツであるが、ベースの武骨なイメージから丸っこい外観とした。中央部にエアークリーナーの吸入口があり、ベースのスーパーカブの流用部品であるシールラバーを介し、フロ

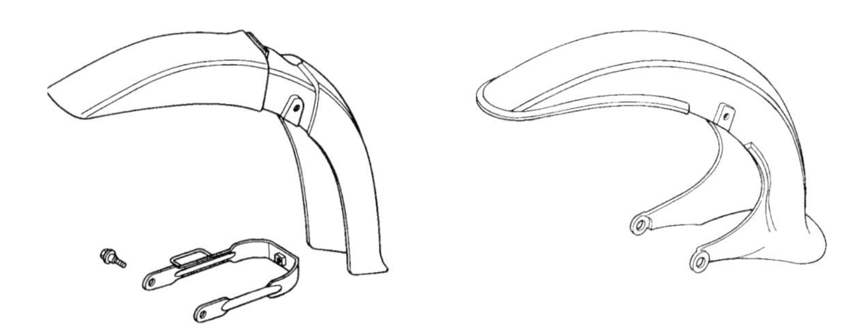

左がリトルカブ用のフロントフェンダー。部品点数は増えるもののスタイリングおよび振動軽減の関係でステイによる取付け方法とした

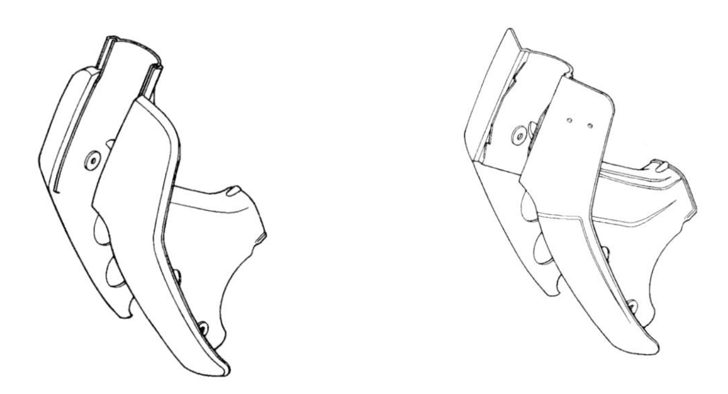

左がリトルカブ用のフロントカバー。スーパーカブ用とは形状や大きさが少し異なる。全体的に丸みのある形状を取り入れている

ントカバーの吸入口からエアークリーナーに空気を取り入れるのであるが、このラバー部分（エアークリーナーダクト）の締め代が微妙で、最終技術評価の寸前でエンジンフィーリングに影響を及ぼすことがわかり、急きょ吸入口周辺のデザインの見直しを行なった。

具体的にはフロントカバーとシールラバーの締め代を増やすため、フロントカバー内側の形状を変更したのであるが、そのまま内側だけ肉厚を盛ると材料である樹脂は成形時のヒケが発生しやすいため、フロントカバーの外観形状と合わせて形状変更した。全体的に丸っこくて、つるっとしたイメージ形状のフロントカバーなのであるが、吸入口のまわりだけ少しシャープなキャラクターラインとなっているのはこのためである。

◯ハンドルカバー

ベースになったスタンダードのスーパーカブの上側ハンドルカバーとハンドルパイプは、ハンドルパイプにスチールプレス製の上側ハンドルカバーを溶接し、下側ハンドルカバーは樹脂製という構成。それに対し、リトルカブではスクーター的にスチール製のハンドルパイプに上下割の樹脂製ハンドルカバーを装着する構成とした。

ビジネス車としてヘビーデューティがメインではないこと、またデザイン自由度の高さ、さらにコストの優位性などを考慮して、最終的な仕様を決定した。

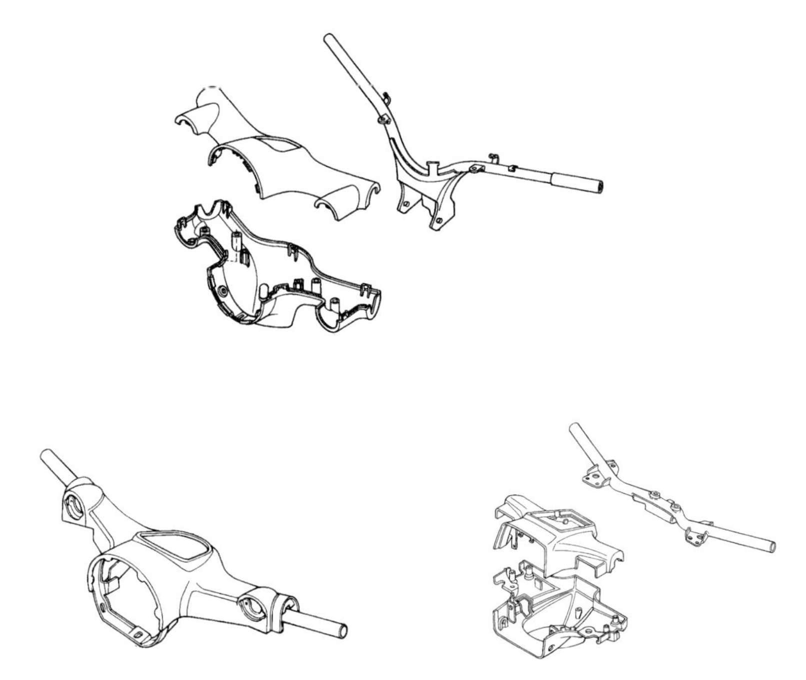

上がリトルカブ用ハンドルカバー。下の２点は左がスーパーカブ用、右がスーパーカブカスタム用であるが、灯火類が同じ丸型のスーパーカブ用と比較すると構成は全く異なる。リトルカブ用は、どちらかというと角型灯火類で統一されたカスタムに近い

部品の合わせ方や周辺の部品構成は、先に量産していた初代ジョルノをほぼ踏襲している。個人的にはこれら２機種を担当したが、どちらも思い入れの強い機種となったと思っている。

○シート

ベースとなったスーパーカブの角ばった武骨なシート形状に対し、スクーター的な丸っこいデザインにこだわった。乗る人の走行時間の想定が、ベースとなったスーパーカブほど長くなく、パーソナルユースでのスクーター的用途を考慮してシートクッション厚を減らし、足着き性を優先させた。

また、スーパーカブにあったワディング（もこもこした感じを出すために入れるウレタンやスポンジ等の詰め物の類）は当時実用車イメージが強かったため廃止し、ウレタンクッションにダイレクトに表皮を被せる仕様とした。同じくベースモデルの表皮縫製部のパイピング仕様も廃止。当時のスクーターのトレンドであった表皮溶着仕様にて接合した。これも丸っこいシート形状の実現に一役買っている。

シートの色調は、実用車では汚れが目立つため使用しない白を使ったツートーンカラーを採用した。実はツートーンカラーのレザー溶着は、接合部の要求精度が高くて歩留まりが悪いのだが、サプライヤー様の技術力とご尽力により、特に量産後の問題を出さずに量産に適用することができた。

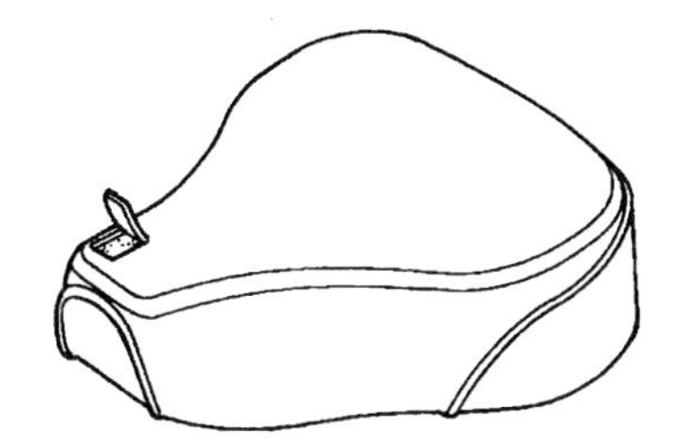
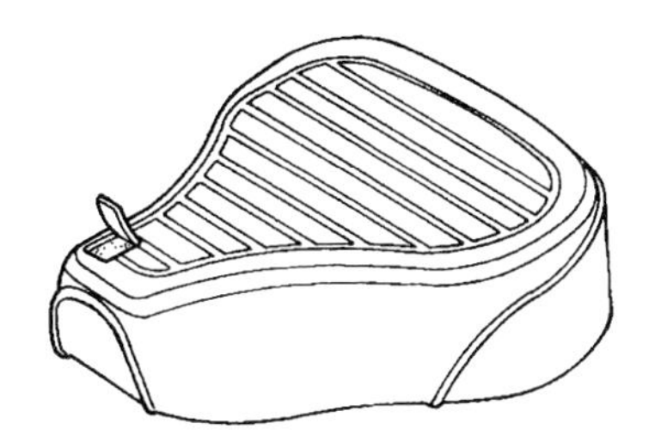

左がリトルカブ用のシート。パイピングのないフラットな座面は、見た目もスクーターによく似ており、右のスーパーカブ用よりも丸みのあるデザインを採用した

■開発を終えて

個人的な話で恐縮だが、カブ系機種に携わった後、2003年より５年間、欧州駐在を経験した。欧州ではカブ系の開発はなく、スクーターの現地開発に携わることになったのであるが、欧州では当時SH125/150というスクーターがベストセラーとなっていた。SHシリーズがなぜ欧州のお客様に受け入れられているのかを自分なりに考えてみると、これは欧州版スーパーカブなのではないか？と痛感したのを覚えている。

初代スーパーカブもお客様の潜在的ニーズを商品として具現化し、お客様の手の届く価格で提供し、様々なお客様に何世代にもわたって愛用され、スーパーカブと言えば誰の頭にもおなじみの形が浮かんでくる。機種は違えど、それと全く同じ構図がSHシリーズをお使いの欧州の人々の中にも同じようにある、ということをお客様へのインタビューサーベイ（聞き取り調査等）を通じて知ることができた。

私が言うのもおこがましいが、弊社の商品開発の哲学が地域に関係なく普遍的なのだということを実感した次第である。これもひとえにリトルカブの開発に携われたからこそ持ちえた思いなのではないかと、今さらながらリトルカブとの巡りあわせに感謝しているのである。

リトルカブの完成車部品の設計について

迫　裕之

当時の所属：㈱本田技術研究所 朝霞研究所 第２設計ブロック　完成車設計担当
1988年に朝霞研究所に入社、スクーター開発完成車設計チームへ配属後、フリーウェイ、CUV ES（電動スクーター）、ジョーカー、リトルカブ、ジョルノクレア、インド機種アクティバを担当、その後、企画室、中国R&D、第1開発室、熊本製作所生産企画部を経て現在に至る。リトルカブの開発では、完成車全体の設計を担当し、それまでのスーパーカブとひと味違うデザインの具現化に奮闘した。現在の所属は本田技研工業㈱ 二輪事業本部 ものづくりセンター ものづくり企画・開発部。

入社当時、朝霞研究所の車体開発組織は機能別に分かれており、その中で私は完成車設計に配属された。以来スクーターの完成車設計に従事して８年ほど経過し、ジョーカーというスクーターの仕事がそろそろ終わるころリトルカブの仕事がきたと記憶している。

ジョーカーの開発にあたっては当初、完成車設計担当の補佐として業務を行い、途中から主担当として業務を行っていたが、リトルカブは当初より完成車設計担当として声がかかった。

ジョーカー
1996年8月発売。特徴的なロー&ロングのアメリカン・カスタムスタイルで登場した50ccメットインスクーター。49cc、4.9ps、Vマチック。車重84kg。価格238,000円（税抜）

スーパーカブ系の開発は初めての経験で、どんな難易度になるか不安はあったが、一方で楽しみでもあった。スクーターの仕事を片付けてチームに合流したのは企画と先行検討がほぼ終わった段階であったと思う。

コンセプトは、スーパーカブをベースにタイヤサイズを14インチ化し、高齢化するお客様の使い勝手を向上させるのと同時に、若者も惹（ひ）きつけようというかなり欲張った企画であった。

当時のスクーター市場ではジョーカーのような個性的なモデルが受容される状況であり、スーパーカブ市場でも若いお客様に喜ばれる個性的な商品のニーズはあると思っていた。

■部品開発（リア・キャリア）

スーパーカブには、大きくて見るからに頑丈な、いわば実用車然としたリアキャリアが装備されている。しかしリトルカブとしては、シンプルでありながらスクーター等とは違った優しい外観を目論んだ。

そもそも外装部品はデザイン担当がデザインすることが多いのだけれど、今回はベテランのデザイン担当が、若手の完成車設計担当である私にリアキャリアのデザインを任せてくれた。

リトルカブはスクーターのようにシート下の収納場所を持たないので、日常の荷物載せとしての使い勝手は損なわないようにしたい。大きさはスタンダードのスーパーカブよりひとまわり小さくし、スクーターのような直径７mmの棒材の構成では車体との見た目のバランスがうまく取れないことから、パイプと板材の組み合わせにした。そのパイプサイズは主張しすぎず、控えめな力強さを表現すべく直径12.7mmとし、四隅は大きなラウンド形状とした。その結果、重量はスーパーカブのキャリア（約1.6kg）に対して３分の１となった。

図面ができたので早々に図面をデザイン担当へ持っていくと、その辺にあった材料を駆使してあっというまに形状を立体化し、クレイモデルに取り付けてくれた。

クレイモデルにて確認したデザイン担当の唯一の注文が「リアフェンダー上を通っている灯火器のワイヤーハーネス（配線）が目立たないようにしたい」だった。プレス製のリアフェンダーのアーチ状の形状のちょうど頂点付近に黒色のハーネスが存在している。リアキャリアは、実際の軽量化に加えて見た目でも重く見えないようにとリアキャリアの天板に穴を目いっぱいあけていたのだが、そこから黒いワイヤーハーネスが見えてしまう！　なるほどもっともだと感じ、デザインした天板の凸凹形状と穴形状のバランスを調整して対応した。

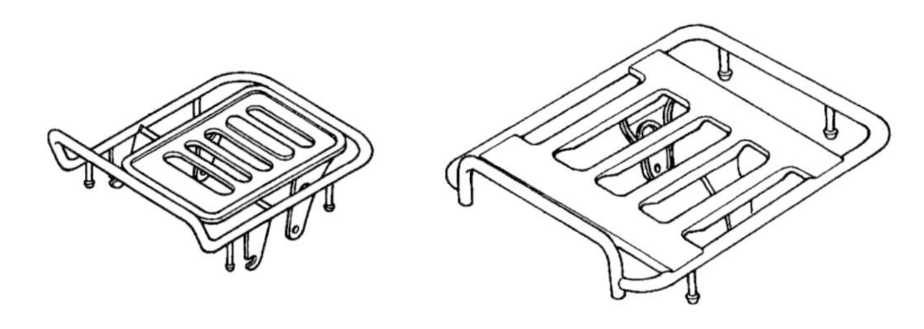

リトルカブ用のリアキャリア(左)。右のスーパーカブ用に比べて全体的に小さく、軽量でスタイリッシュである

表面処理は、スーパーカブがクロムメッキなのに対して、黒のアクリルカチオン電着塗装とした。半艶黒もそんなに悪くない、むしろ引き締まって見えていいなぁと思っていた。のちに仕様のグレードアップでリアキャリアは車体色と同色になっている。

■フォークトップブリッジプレートの形状決定

タイヤサイズ14インチ化によるライディングポジションの再設定とハンドルカバーの新規設計により、ハンドルをフロントフォークモジュールに取り付けるための部品であるフォークトップブリッジプレートを新規設計する必要があった。

部品のサイズが小さくなるため、従来の製造工程よりシンプルに作れるよう、深絞りで基本形状を成形するという工程を目論んで図面を引いた。

ところが、ほどなくサプライヤーから「かなり難しい。ついでにコストが高くなる」との連絡があって「とりあえず話を聞きます」と飛んでいくと、他に例のない深絞りで難しいという。こちらもどこまで製造できるかは根拠なく図面を引いていたため、赤面ものだった。

また、図面で要求する端末ラインを実現するには、深絞り後にサイドカットという工程を追加しなければならず、工程とコストが増えてしまうとのこと。

深絞りの代表的な形状としては、円形のアルミの灰皿や炊飯器のお釜をイメージしてもらうとよい。プレス方向から見て円形のものならば端末形状は均一になるが、この部品は異型になっており、後加工なしで思い通りの端末ライ

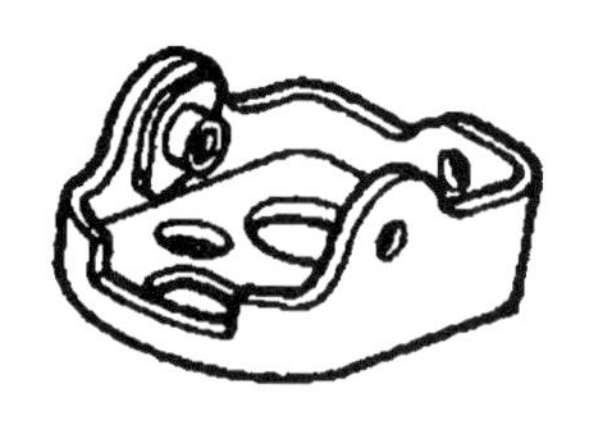
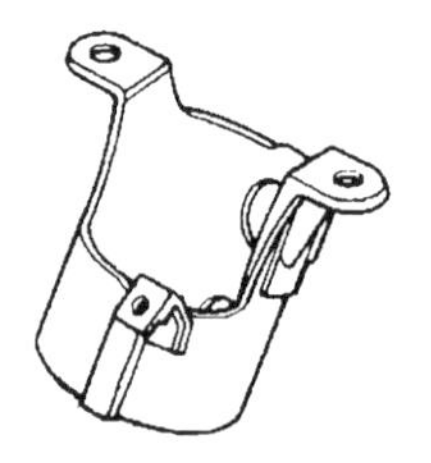
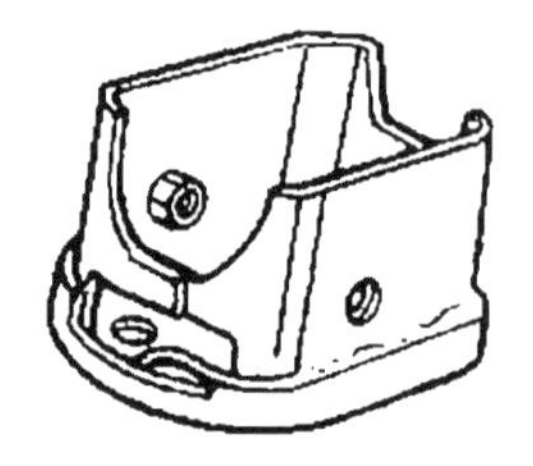

左はリトルカブ、中はスーパーカブ、右は同カスタムのフォークトトップブリッジプレート。外からは見えない部分であるが三者三様で、形状、高さ、大きさが異なる

ンを得るのはほぼ不可能に思えた。

リトルカブのコストでは、部品点数を増やせないことと、部品形状としても周辺の部品との兼ね合いがあってあまり自由度はないことから、なんとしても今の部品の考え方の延長で解決したいことを説明してお願いした。

結果、「やってみましょう」ということで何度か試作トライをしてもらうことになった。理屈で言えば、深絞り後、思い通りのラインになるようにその素材形状を設定しておけばいいのだが、これが大変だった。

部位によって材料の伸びは異なり、それを見越して投入前の形状を決める必要がある。今でこそソフトウエアによる解析が一般的だが、当時はシミュレーション技術も無く、絞る前の投入材の形状と絞り加工後の形状については、方眼紙を使って比較しながら、「今度はこの部分を少し広げてみましょう」などと、まさにトライ&エラーを繰り返してもらった。図面側にも、機能はそのままで作りやすいように部品形状を手直ししてトライしてもらった。

スーパーカブを進化させたいという想いが伝わったのか、サプライヤーは、最後までよく設計側の意図につきあってくれたものである。おかげさまで最後は機能と量産性の両方を満足する部品になった。

■キックアーム

タイヤサイズ14インチ化に伴い、キックアームもその全長を見直す必要があった。

完成車レイアウトから全長を決めて図面を引いたが、"量産段取り確認" イベントで、エンジン側に組付けるときに締めあがらないということがラインサイドから打ちあがってきた。

“段取り確認” というイベントは、研究所が開発完了した図面から量産工程で部品を製造し、量産ラインで組み立てて確認をするというものだ。

この時点で出た不具合はすみやかに対処し、対策品を量産部品の発注に間に合わせなければいけない。このときの不具合は、キックアームをキックスピンドルに取り付ける締付け部の剛性が高すぎて、ボルトを締め付けても軸力が発生しないという問題だった。そのままでは使用を続けているうちに締付けボルトが緩んでしまう恐れがある。部品としてはキックを踏むときの荷重に対しての強度は維持しながら、キックスピンドルへの締付け部分はボルトが締めあがるレベルまでたわんでもらわなければならない。

今はモデリングされた３Ｄデータでさっさと計算して形状を決めているが、当時のソフトウエア解析は時間がかかった。目の前に部品はあるのでもう一度キックアームの根元の形状を眺めて断面形状を考え直すことにした。スーパーカブや他機種と比較すると、面のつながりのために断面形状が太くなっていた

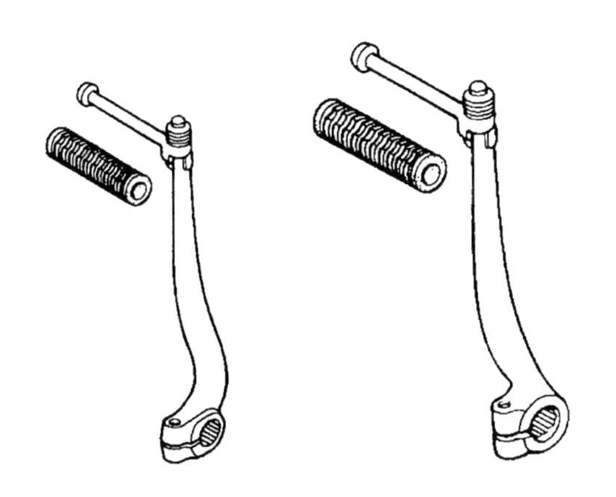

左がリトルカブ用、右がスーパーカブ用のキックアーム。図版では分かりにくいが、形状も大きさも異なる

かもしれない。改めて断面形状と面のつながりを検討し、テスト担当に相談すると、「問題なさそうだからすぐ試作部品を作ってくれ」と言う。当時の試作品は総削り品だったので時間がかかる。それを告げるとテスト担当は、「じゃあ現品改修で作っちゃおう」と言って、まず部品を削り、次に溶接肉盛りしてこちらの欲しい形状を作ってくれた。

もう一度対策形状の図面とにらめっこした後、この対策部品を使って機能確認をしてくれた。結果は強度、締付けトルクともにOK！ めでたくスピード解決となったのである。

■量産直前品質向上に向けて

量産前の最終確認のイベントで商品価値をもっと上げたいといった提案が出る場合がある。このリトルカブも最終確認イベントで、製造ラインから降りた完成車を製作所と研究所の皆でチェックしたところ、やはりいくつか外観品質を向上させたいという案件が出た。

量産日程は守りながらも部品形状を変更して可能な限り良くした商品をお客様に乗って欲しいとの想いからの変更である。

製作所の担当者がすぐに部品サプライヤーの担当者に連絡して来てもらい、設計者と一緒に目の前の部品を変更したいことを打ち合わせする。修正したい内容、金型工事の内容、対応品の確認項目と日程等、決めるべきことをどんどん決めていく。

この頃は部品のサプライヤーも多くが熊本にあったために、対応は早かった。また、部品と完成車を目の前にして、ここはこんなふうにしたいのだということを説明すると、サプライヤーから、「こうするともっと効果的ですよ」とか、「こうすると金型の改修が早くできますよ」とかアイデアが出てくる。本来は緊迫感のある現場なのに、あるいはそれだからこそ達成感のある充実した時間だったと思う。

Little Cub Column 2

リトルカブのタイヤの耐久性

リトルカブの耐久性については、スーパーカブ50と同等の性能を目指すことで開発チーム内の意見がそろった。同様に各機能を担当する部署でも極力スーパーカブ50の部品を流用することで製品コストや試作部品の開発確認の工数が省かれ、開発期間の短縮化を図ることができた。

しかしながら前後タイヤだけは、スーパーカブ50の17インチタイヤに対して14インチタイヤであり、新規採用となる。14インチタイヤは同じ走行距離でも外径が小さい分回転数が増え、その分17インチタイヤに比べてタイヤの摩耗が早まることになる。そのため耐久性はタイヤ幅を広げて溝を増やし、タイヤにかかる分布荷重を17インチタイヤと同等にしている。また、消耗に関しても溝を深くして、走行できる距離を17インチタイヤと同等にしているのである。これによりスーパーカブ50のタイヤと同じ程度の耐久性を確保することができたのである。

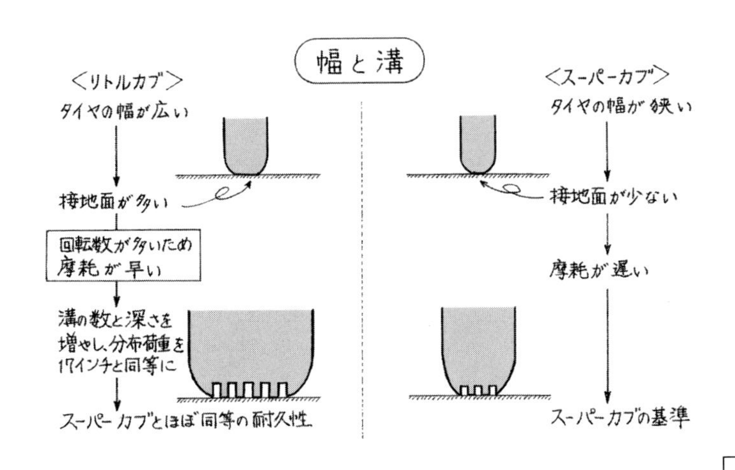

リトルカブの吸排気の設計について

高田　康弘

当時の所属：㈱本田技術研究所 朝霞研究所 第２設計ブロック　吸排気設計担当
1981年に朝霞研究所に入社、スーパーカブ開発完成車設計チームへ配属後、国内のリトルカブの他、世界各国のスーパーカブ開発にも携わり、NOVA（ノバ）、WALLAROO（ワラルー）、Sonic（ソニック）、Unicorn（ユニコーン）等の海外生産機種も担当。リトルカブの開発では、吸排気設計を担当し、カブファンのイベントであるカフェカブミーティングに開発者として出演の経歴を持つ。現在の所属は本田技研工業㈱ 二輪事業本部 ものづくりセンター ものづくり企画・開発部。

私が担当したリトルカブの吸排気部品設計について説明したい。

当時、リトルカブの開発概要を開発責任者の竹中さんから聞いたとき、かつてのスーパーカブ開発車体設計時代の上司が私によく話していたことについての要望に応えられると思った。身長が150cmくらいの当時の上司からは、口癖のように「髙田、俺が乗れるカブを早く作らんかい！」と言われていた。

すでに郵政カブの前後タイヤサイズは14インチであったから、私は決まって返し言葉で「タイヤを14インチ化すれば踵が地面に着きますよ」と言っていた。しかしタイヤが17インチのスーパーカブの販売も好調なことから、あえてタイヤのサイズを17インチから14インチに変更するような開発モデル案は出されなかったのである。

開発の効率化と低コスト実現に向けてニューモデルを開発するとき、設計者は決まって今までにない新技術のアイデアを投入し、さらに性能も出来るだけ上げたいとの想いにあふれる。つまり、開発においてはお客さまに誇れる新技術を投入するのが常だが、リトルカブの開発期間は「発売までの１年間」と非常に短く、通常のようには進まないことは容易に想像できた。

まず、一般的に部品を設計していく上で大切なことは、完成車コスト全体から求められる部品コストを設計者自らが想定して必要なものを引き当て、インジェクションマシンやプレスマシンを選び、生産のプロセスを考えながら求められる部品コストに見合う設計をすることである。

作業を進めていくうちに、完成車１台分のコストも開発途中でさらに厳しくなった。開発責任者の竹中氏から提示された試作コストも決まっていたため、本来ならば試作品でのトライ&エラーで極限まで突き詰められるはずの時間も無いことが予測された。それだけに吸排気の設計を効率よくするにはどうすればよいのか寸暇を惜しんで考えた。

私は入社時よりスーパーカブの開発を担当していたが、リトルカブの開発時は入社から15年が経過していたため、その当時はサプライヤーの努力によってお金をかけずに部品の生産ができていた“スーパーカブコスト”が神話のように語り継がれていた。

“スーパーカブコスト”とは、スーパーカブの部品においてサプライヤーの努力によって作り始めた時の部品価格を維持しているコストをいう。部品メーカーの製作コストは、部品を作り始めた時の価格を維持されているのであるが、新たな部品を作った場合は、その分のコストが掛かってしまう。リトルカブには既存のモデルから流用されている部品が上手に多く使われている。これは“スーパーカブコスト”を基に完成車コストを抑えるため、極力スーパーカブ50の部品を流用出来るように努力したからである。

こうしたことから、当初は「部品の流用は今回のリトルカブの機種コンセプトに合うのか？」と疑問はあったが、上司と話しているうちに、性能と燃費がスーパーカブ並みならお客様からの不満は上がらないだろうと思うようになった。それからスーパーカブ50の部品を流用することを前提に、リトルカブ用の吸排気レイアウトの検討を始めた。

その頃、デザイン室ではすでにクレイモデルの製作が始まっていたが、まだ私の担当する吸排気レイアウトの完成度は低かった。そこで少々乱暴だが大きめのエアークリーナーをクレイモデルの中に埋め込んでもらうことにしたのである。

■吸気系の開発について

先に述べたような理由から、吸気系は同じ排気量であるスーパーカブ50の部品を流用することにした。スーパーカブ50のエアークリーナーエレメントは丸タイプと長円タイプの２種類がある。丸タイプは私が入社する前の設計のもので、長円タイプは私が入社したとき自分で設計したものであった。このエレメ

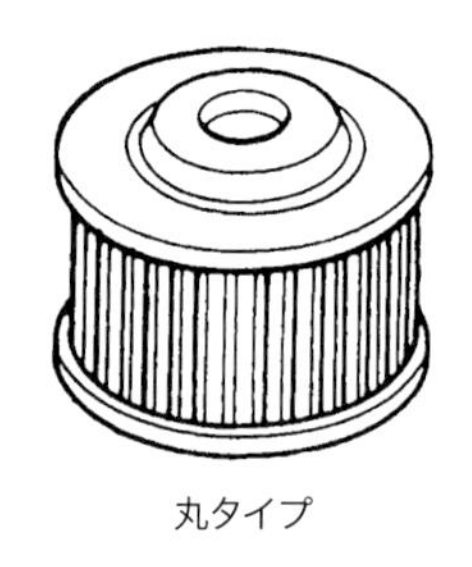

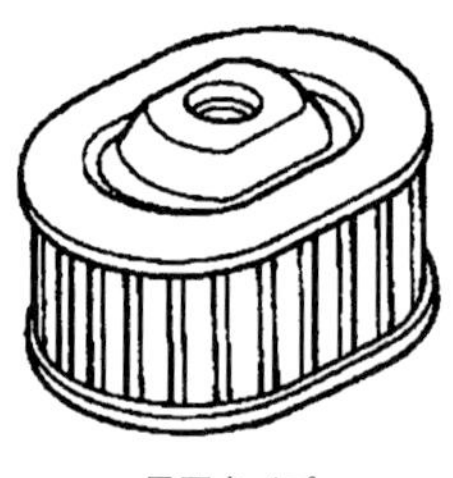

検討に上がった２種類のエアークリーナーエレメント。採用された右の長円タイプのものは、スーパーカブには1982年から採用されている

ントは1982年４月発売のC50スーパーデラックスから採用され、新たに採用したCVキャブが、それまでのPBキャブより大きくなったために前後のスペースが無くなり、エレメントの前後を縮小して長円にしたものである。

製品コストの差異は当然のごとくあり、またリトルカブの外装との組み合わせ及び性能とコストのバランスからどちらを選択するのか迷ったが、将来のレイアウトの発展性（前後長が短い）と性能面で長円タイプのエアークリーナーエレメントを採用することにした（このときは、すでにマグナ50にもレイアウトの都合からこの長円タイプのエレメントが採用されていたこともあって、採用の後押しになった）。

■排気系（マフラー）の開発について

リトルカブは、前後タイヤに14インチを採用することからマフラーの位置が全体的に下がり、そのことによって地面との隙間が少なくなってしまうので、取り付け角度の変更が必要になることは予想出来た。

スーパーカブからの買い替えのお客様など、様々なユーザーを想定したことからスーパーカブ50と同等のバンク角の確保とキックアームのアーム部との隙間の確保を狙った適切な搭載角度の設定、およびサイレンサー先端のテーパー角をスーパーカブの２倍くらいの角度とすることで題解決手法を見つけた。しかし、当時スーパーカブのマフラーを生産していたサプライヤーの技術部門の方に図面を見せて相談したところ「この角度では生産出来ない」と言われてしまった。

文献には生産可能な角度が記載されており、「図面にはそれ以上の角度がついていたので金型が壊れる可能性があり、生産出来ない」というのがその理由だったが、何としてでもこの方法で生産して頂かないと仕様面やコスト面で折り合いがつかないと考えた。

さて、当時製造されていたスーパーカブのサイレンサー（円筒形）先端のテーパー部の製造方法は、ロータリースエージングという方法を採用していた（下図参照)。

この方法は、ダイスと呼ばれるテーパーの付いた金型に円筒状のサイレンサー先端を回転させながら押し付けていき、金型に沿った形状を得る手法だが、他に良い方法も見つからなかったので「とりあえず現有設備でどのようになってしまうのか、一度試作してみましょう」とサプライヤーの担当者を説得して試作品の製作を行なった。

結果は円筒のサイレンサー先端部をテーパー状に絞ることにより、肉体積分（円筒を細くテーパー状に絞った時に余って生じる体積部分のこと）が余るため『しわ』が発生したものの、生産金型も壊れずにテーパー形状が出来上がっ

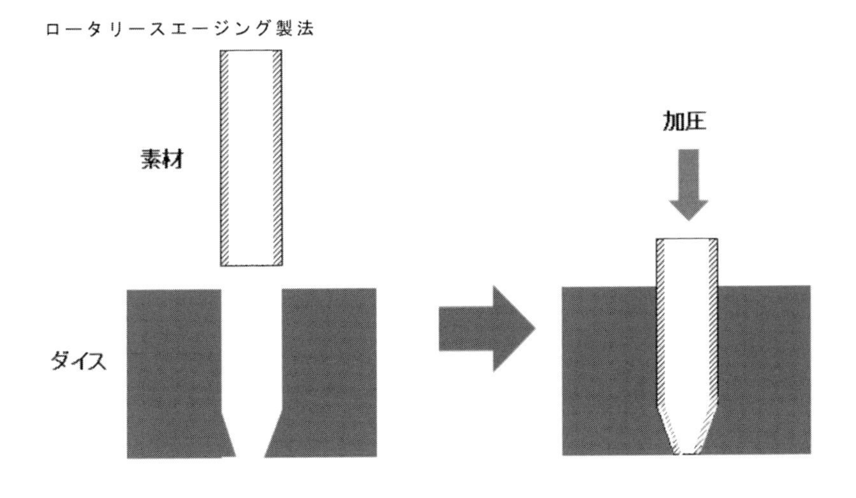

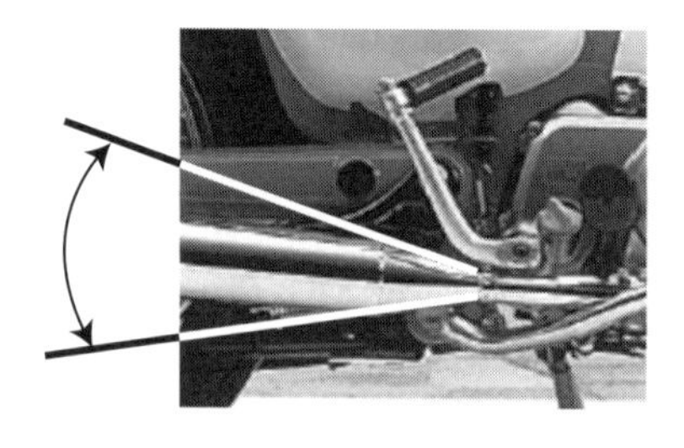
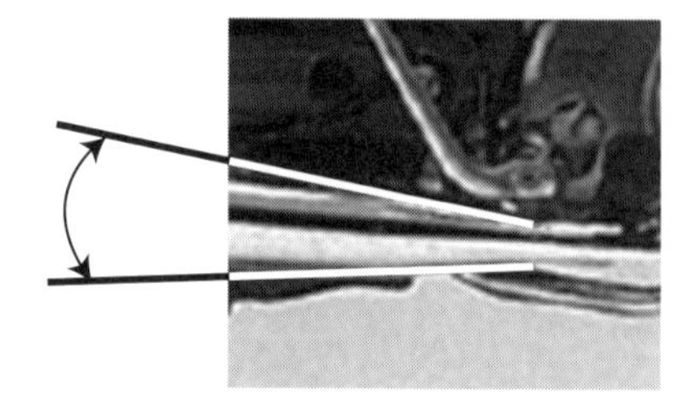
左がリトルカブのサイレンサー接合部。右のスーパーカブと比べると形状は似ているものの、よく見ると接続部分の長さと角度にはかなり違いがあり、リトルカブの方が短くて角度が大きいことがわかる

た。この『しわ』の部分は電気溶接で埋め、さらに確実な結合をすることで課題を解決出来た。このように取り組んだ結果、タイヤが小さくなってマフラーの位置が下がっても走行には影響がないことが確認できた。

この当時、サプライヤーと色々議論はあったが、今ではサプライヤーを説得して開発を進めて良かったと思っている。ホンダは現物主義の考え方をする企業なので、机上で生産不可と判断されても、実際に生産したことが無いモノは「とにかくやってみよう」でトライし、出来上がった結果でさらに考える風潮がある。色々トライすることが物づくりの原点になっているのである。

■キャブレターからフューエルインジェクション（FI）へ

その後リトルカブは、マイナーチェンジや特別仕様のバリエーションを次々と展開していく。

1998年12月にセルフスターター方式のバリエーションを追加した時に、マフラー部の傷付き防止対策として豪華なマフラーガードを設定したが、このときはデザイン性、強度性能、生産性、コストバランスで苦労して設計した。

私の当初の設計案では、特にその両端に関して大きなR（部品の角の部分の丸みのこと）曲げで、ストレス無く生産でき、フレーム枠内に入る棒の溶接性も考慮したものであった。しかし、デザイナーからはその両端のRのシャープさを出すために形状変更されたものが提案された。

シャープさの演出により、いろいろなものが引っかからないようマフラーとの隙間を調整したほか、溶接後の見栄えを良くするために溶接ビード（もこっとした玉状の部分）を削り込んできれいに仕上げている。また、ラインにおける組み立て時の誤組を防止するために締め付けのピッチを変えたり、逆に取り付けるとキックアームに干渉するようにしたり、着衣に引っかからないような考慮もしている。

インジェクション仕様のものは明らかにガードと形状が異なる１枚もののカバーとなっている。ガードからカバーへ変更した理由はデザイン上のこともあるが、さらに広い範囲の保護、さらには締め付け点数削減（本体が軽くなったので）に伴う組み立て工数とコスト削減にも寄与している。

このようにガード１つであっても技術者とデザイナーでは求めるものが違い、ガードに限らず妥協点を見出すために数多くの議論をした。

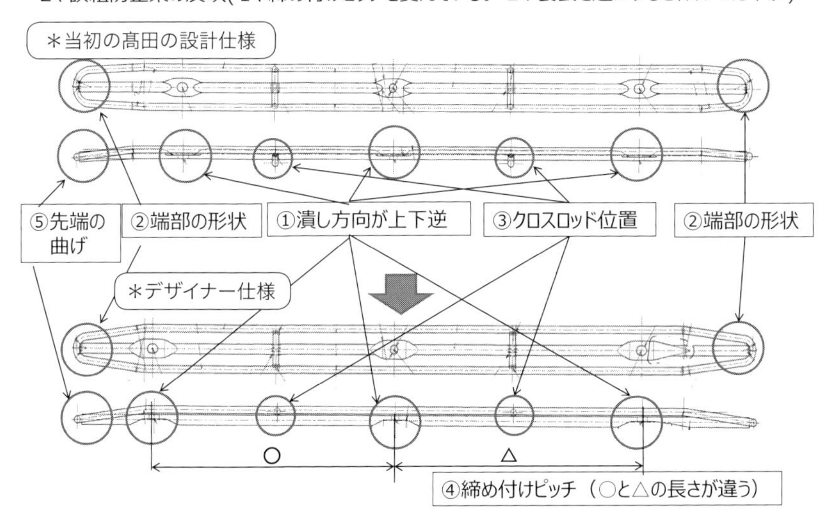

量産化に向けたマフラーガードの検討。最初に提示された上のガードは技術者の思いが反映されており、それを基にした下の方はデザイナーの思いが反映されている。○の部分が変更点であるが、この部品に限らず、技術者、デザイナーの観点からありとあらゆる角度で検討を重ねて、より良いものが出来上がっていく

左がキャブレターエンジン車用のガード、右がFIエンジン車用のカバー。ともに傷付き防止対策の部品ではあるが、ここでもマフラー本体の改良に合わせての改良がおこなわれた結果の形状。カバーの締め付け箇所は3→2。分かりにくいが、カバータイプのマフラーは車体への取付けステーが一体式となり、部品点数と工数を削減。エキゾーストも含め、全体的に両者は微妙に形状が異なる。マフラーそのものもテーパー形状をやめて円筒形状に、さらに少し長くしてサイレンサー部の容量アップと中身の変更で低速域のパワーアップを行なった

1999年９月のマイナーチェンジ時にはブローバイガス還元装置を設計し、2007年８月のマイナーチェンジ時には排ガス規制（平成18年度国内二輪車排出ガス規制）対応にフューエルインジェクション（FI）と触媒装置を設計したことも自分の思い出となっている。

キャブレターからフューエルインジェクションに移行すると、どうしても部品の数とコストが増えてしまう。車体の価格も上がることになるが、ユーザーにとってのメリットも大きいことは事実。例えば、気温が低いときでも素直にエンジンが掛かることや、チョークの操作などのエンジン始動にコツが不要なことなどだ。

国内排ガス規制対応のためにこの当時、全てのスーパーカブ系エンジンはキャブレターからフューエルインジェクションへ移行しているが、車体に空間がほとんどなく、また49ccという非常に小さなエンジンであるにも関わらず、４輪車なみのキャタライザー（３元触媒）を採用した。49ccの排気量で有効活用するためにターンフロー形式（ホンダ独自の技術として特許取得済）を採用し、小さくても多くの浄化性能を得ることができた。同時に熱への配慮としては、エキゾーストパイプの温度の上昇を抑えるために空気層を持った二重構造として温度の低減を図り、エンジン下に配置している。

さらにスーパーカブとリトルカブのエンジンは、万が一バッテリーが上がってしまってもエンジンを始動させることが出来なければならないと考え、キックアームは残してある。

一般的に、フューエルインジェクションのエンジンを搭載している近年の車は、２輪４輪を問わずバッテリーが上がってしまうと、機構上バッテリー点火のために再始動ができないメカニズムになっている。４輪なら今まで押し掛けで掛かったものができなくなったし、２輪もキックアームを下ろしたとしてもエンジンは掛からない。

スーパーカブは世界各地（リトルカブは国内のみ）でいろいろな条件下で使用されている車である。燃費や環境性能に優れるフューエルインジェクションだからこそバッテリーに不具合があった時にエンジンが掛からないということはあってはならない。そこで試行錯誤を繰り返し、バッテリーが上がった時でもキックスタートでも始動が可能な方法を考えついて導入しているのである。そのためフューエルインジェクションのエンジンにも関わらず、利便性に考慮してあえてキックアームを残している。

１回のキックでエンジンを始動させるには、インジェクションのコンピューターを目覚めさせ、さらに指令を出してフューエルポンプを作動させ、そしてインジェクションに燃料を噴出させるという、この三つの動作を１回のキックの発電量でまかなわなければならなかった。

また今までキャブレターの装備されていた場所にフューエルインジェクションを収めなければならなかったので、コンパクト化するのに苦労した。その際

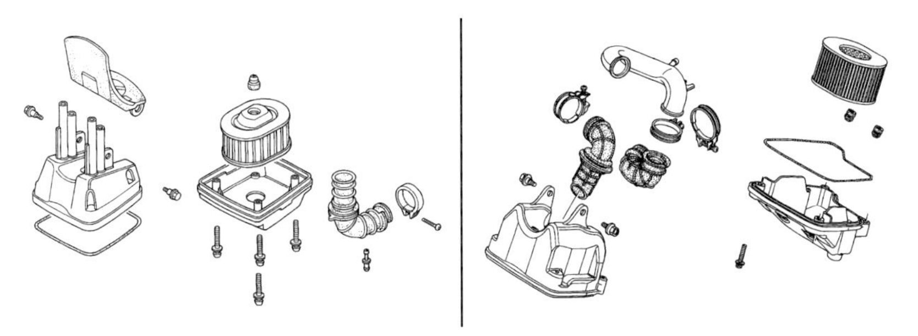

左がキャブレター用、右がフューエルインジェクション（FI）用のエアークリーナー。フロントカバーに隠れて分かりにくい部分でもあるが、FI用は全てのチューブ類がアッパーハーフケース接続のため、4本のボルトを外すだけでエレメント交換が簡単にでき、メインテナンス性はキャブレター用に比べて格段に向上した。またエレメントの取付け方法がキャブレター車とFI車では上下逆になっていることにも注意

にエアークリーナーの構造を変更し、下のカバーを外すだけでエレメントの交換が出来るようにして利便性も向上させることができた。

フューエルインジェクション化に際しては、他にもコネクティングチューブを長くしたことで低速トルクを向上させ、さらに走りやすくした。

このような様々な工夫によって17インチのスーパーカブより二回り小さな14インチのリトルカブでも、スーパーカブとほぼ同等の走行性能と燃費を得ることができたのである。

Little Cub Column 3

乗り心地と実用性

タイヤサイズが17インチから14インチになり、発売当初より前後のタイヤチューブにはタフアップチューブを標準装備とした。それまでは、14インチ用のタフアップチューブは存在しなかったので耐パンク性能をスーパーカブと同等にするため新たに開発したものである。

また、14インチ化によりタイヤ幅を広げたため、接地面積が増えることから、乗り手はより路面の凸凹を感じやすくなる。そのため路面から伝わる様々な突き上げに対して前後サスペンションの作動特性をよりしなやかに吸収する方向にチューニングすることで、リトルカブは不利といわれていた小径タイヤの弱点を克服し、スーパーカブと同じレベルの乗り心地を確保することができたのである。また、総合的な性能はスーパーカブ50とほぼ同等であるが、タイヤサイズ小径化による最小回転半径のショート化で回頭性もよくなり、狭い道や狭い駐車場等での取り回しも楽になっている。加えて乗り降りの楽な－30mmの低シート高による低重心化の安心感も実用性の向上に貢献している。

乗り心地の違いを模式図で示すと、障害物を乗り越すときに、大径タイヤと障害物の接線の角度と、小径タイヤと障害物の接線の角度に差が生じ、小径タイヤの方が角度が大きいので、着地時の衝撃に差が出る。この差が乗り心地の違いとなるが、リトルカブはこの差をタイヤの厚さ（リムと接する部分から外径まで）を厚くしてたわみ量を増やし、スーパーカブと同等の乗り心地にしている。

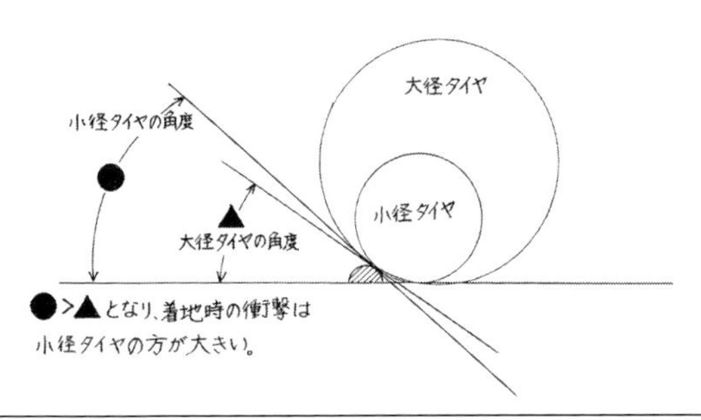

スーパーカブ立体商標登録までの経緯

本田技研工業㈱知的財産部　松平季之

ホンダの「スーパーカブ」の形状が、特許庁から立体商標として登録されることが決定した。二輪自動車としてはもとより自動車業界としても、その乗り物自体の形状が立体商標登録されるのは日本で初めてであり、工業製品全般としても極めて珍しい事例となる。
1958年の生誕から50年以上の間、機能的な向上を図りつつも、一貫したデザイン・コンセプトを守り続けた結果として、デザインを見ただけでお客様にホンダの商品であると認識されるようになったことが特許庁の審査で認められ、立体商標登録に至った。※知的財産部は、「知的財産・標準化統括部」と名称が変更されている。

■知財部内専門ワーキングの創設

我々Honda知的財産部は、総勢218名（2016年1月1日現在）で構成され、特許権・意匠権・商標権などの知的財産権の創出・管理・活用に関する業務全般を行なっている。知的財産という言葉自体にピンとこない読者もおられると思うが、他社製品との差別化や偽物の取り締まりには欠かせない、最も基本となる権利を取り扱う業務だというふうにご理解いただければ幸いである。

日頃、我々は社内で創出される“新しい知的財産”を適切に保護することにまい進している。しかしながら、保護すべきはそのような“新しい”ものだけではないのではないかという疑問があった。むしろHondaとして普遍的な要素、すなわち“変わらない知的財産”こそ保護に値するともいえるのだ。それらを我々は「ブランド要素」と呼ぶことにして、どうしたら永続的に保護できるかについて検討を開始することにした。

2009年11月に、部内のエキスパートで構成される専門ワーキングを創設し、保護しなければならないHonda製品のブランド要素は何か。そしてどうしたらそれを保護できるかについて検討を開始した。

■検討の結果

スーパーカブは1958年にその第1号が世に出て以来、今も世界中で販売されている現役選手である。モデルチェンジを繰り返してもそのデザインコンセプトはなんら変化することなく現在に至る。近年モデルチェンジを担当したデザイナー曰（いわ）く、「変更したくても、このカタチは完成されていて変更できない」という。

知的財産的な視点からは、外観デザインは通常「意匠権」で保護される。意匠制度は、ひとことでいえばデザイナーに一定期間の独占権（インセンティブ）を与えて美しくて新しいデザインの創出を奨励するものだ。すなわち、「新しいデザインである」ことが意匠権として登録するための要件となっている。そのため、通常、製品のモデルチェンジについてはその変化点、すなわち前作と違う「新しい」点について保護を求めるのである。スーパーカブもその例外ではない。モデルチェンジをしたスーパーカブは、その新しいデザイン要素について意匠制度による権利化が図られている。

我々ワーキングメンバーはその点が不満であった。スーパーカブの本当に保護したい部分はそこだけではないからである。「新しくない」普遍的な部分を保護したかった。スーパーカブの「新しくない」部分をどうやって保護すべきだろうか。その解答が商標制度にあった。

商標制度は意匠制度と異なり、いわゆるマークを“半永久的”に保護する制度である。マークを使う企業とそのマークを目印にして購入するお客様との「信頼関係」を制度上で保護しようとする。保護の目的が意匠制度とは全く異なるのだ。したがって「新しさ」は商標登録には求められない。重要なのは他の商品と「区別」できるのかである。それを我々は「識別性」と呼んでいる。お客様に限らず世の中の人々は、みなスーパーカブを知っているといっても過言ではない。そして人々はスーパーカブをマークで区別しているのではない。“外観そのもの”がスーパーカブなのである。スーパーカブは外観形状自体に識別性をもつに至っている。「そうだ、スーパーカブの外観形状を商標権で保護しよう。そうすれば、この貴重なブランド要素を未来永劫ずっと保護できる」、ワーキングチームのメンバーの意志が固まった。

■立体商標とは

商標制度上、商標（マーク）は平面であることに限らず立体であってもよい。それを「立体商標」と呼んでいる。立体商標制度はなんら特別な制度ではなく、単に商標は立体であってもOKと言っているに過ぎない。想定しているの

商標出願見本。車体から目に入ってくるHonda「スーパーカブ」を表す全てのロゴ（エンブレム、バッジ、シール）を取り払った、いわゆる製品としての外観形状のみの写真

は店舗に設置されるカーネルサンダースやペコちゃんの人形のようなものだ。これらを目印にお客様はそのお店に導かれるからだ。

そのため製品の形状そのものは、立体商標制度がもともと想定したターゲットではない。そのような製品の形状について商標登録したら、事実上永久の独占権を与えることになってしまい、特許庁は慎重なのだ。当たり前だがそうやすやすと登録を認めようとしないのだ。我々は出願前からそれを知っていた。調べてみると、案の定、乗り物で典型的なマークを伴わない立体商標登録の事例は存在しなかった。乗り物の登録例としてあるのは、図面上のどこかにさりげなくマークがついた外観形状の事例のみであった。それでは保護したい対象が違う。我々は製品の外観形状だけを立体商標として保護したい。

我々は、あえて商標の図面上からスーパーカブのマークに相当するものを削除して商標出願を行った（上図参照）。そうすることで当然ハードルは上がるが、登録されれば外観形状そのものの保護を図ることができるからであった。

■出願後、そして登録の意義

登録までには３年以上の年月を要した。特許庁の担当審査官はずいぶんと悩まれたようである。担当審査官ご自身は、スーパーカブが万人に知られていることもHondaが何をしたいかについても理解していた。しかし、ただ「前例がない」ゆえGOサイン（登録査定）を出せない。面談後もしばらく時間を要したうえで熟考の末、最終的に結果はNO（拒絶査定）であった。

しかしながら我々にとって拒絶査定は想定内であった。迷わず拒絶査定に対し不服審判請求をした。もともと知財高裁で争う覚悟もできていた。したがってここからが本番であった。登録に導くには「世の中の人々がこの外観を見たときにスーパーカブであることが認識できること」を立証すればよい。ただ、もっとも大きな障壁はモデルチェンジごとにデザインの小変更をしていることであった。全く変わっていなければ「何も変わっていない」と主張すればよかった。そのような主張による他商品での登録例はあった。しかし、我々がクリアしなければならないのは「少しずつ変更は加えているが、全体として醸し出すスーパーカブの特徴部分が変わっていない」ことを特許庁に認めてもらうことであった。スーパーカブに対するそのような世の中の評価を集められるだけかき集め、それを特許庁に提出した。

そしてついにその時がきた。2014年３月17日、特許庁はその審決において「1958年以降モデルチェンジを繰り返し、派生モデルも生じているものの“その特徴”において変更を加えることなく、本件審決時までの50年以上にわたって請求人（Honda）により製造、販売されている二輪自動車であるスーパーカブの立体形状である」と認めてくれた。我々ワーキングメンバー一同、両手を

編集部注：右は立体商標登録記念車として発売されたリトルカブ・スペシャル。この立体商標登録についての稿はスーパーカブに関してのものであるが、その派生車種であるリトルカブも基本的には同じ外観デザインであるので、立体商標登録権獲得までの経緯をお伝えしたく収録したものである。実際、2015年２月、立体商標登録記念限定モデルとして発売（受注期間限定）されたのはリトルカブであった

挙げて喜んだ瞬間であった。

大変ありがたいことにこの登録の意義を多くのメディアが取り上げてくださったことにも感謝している。Hondaとして、日本の工業製品として、スーパーカブはHondaブランドを象徴するものであり、その外観デザインは、いつまでも愛してやまないカタチとして認められたのである。

リトルカブの美しいカラーリングはこうしてできた

従来のスーパーカブのユーザー層のみならず、若者や女性のシティユースをも目指したリトルカブ。そのため、カラーリングにも様々な工夫がなされていた。
スーパーカブの特徴を受け継ぎながら、独自のスタイルを確立させて、幅広い世代に愛され続けるリトルカブの美しいカラーリングの秘密をみてみよう。
車体の写真とカタログに加え、1998年から2015年の限定モデル8車のカラー開発の担当者に製作期間の逸話を語ってもらった。

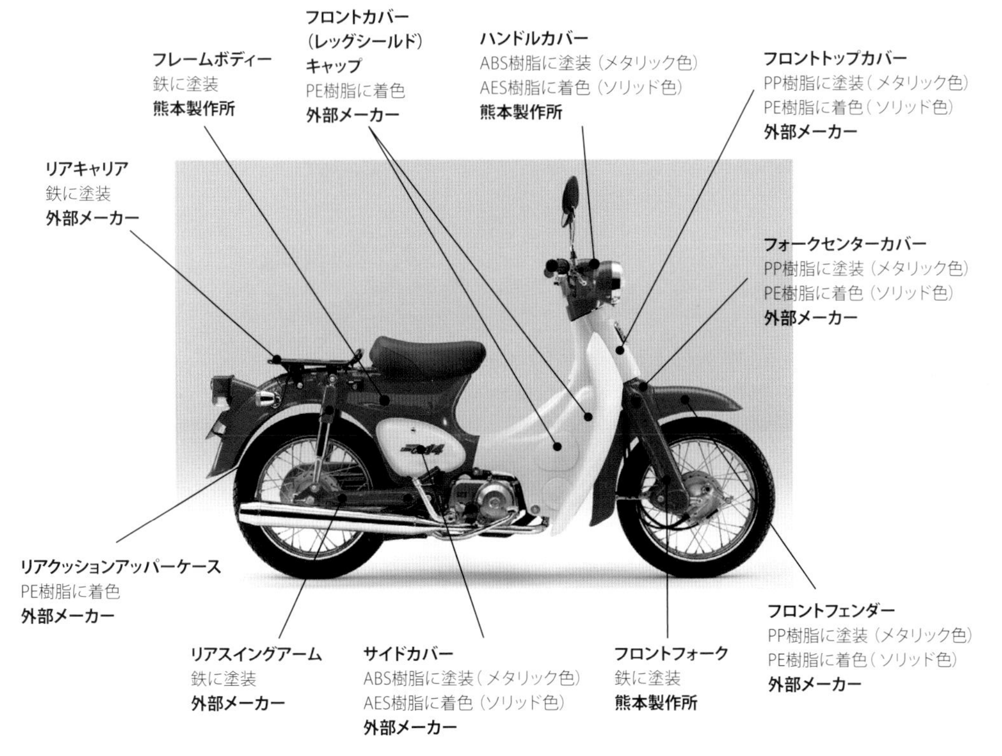

各樹脂材料について
ABS樹脂(Acrylonitrile Butadiene Styrene アクリロニトル ブタジュエン スチレン樹脂)…外観の塗装が可能であり、耐衝撃性が強いのが特徴。
AES樹脂(Acrylonitrile Ethylene Propylene Styrene アクリロニトル エチレン プロピレン スチレン樹脂)…ABS樹脂に対して、着色が可能。塗装しない分安価で、光劣化に対して強いのが特徴。 ※基本樹脂性能は、ABSと同等であり、ABS樹脂の着色化のために考え出された。
PP樹脂(Polypropylene ポリプロピレン樹脂)…汎用樹脂で耐熱性、耐薬品性に優れているのが特徴。外観の塗装が出来る。
PE樹脂(Polyethylene ポリエチレン樹脂)…汎用樹脂で着色が可能。耐水性、耐薬品性に優れる。PPに対して耐熱性が劣る。

何でもないように見えるリトルカブのカラーリングであるが、一般のモーターサイクルやスクーターの場合に比べて、次のように異なる各パーツの色を調整しなければならず、非常に手間がかかるのである。

1. 表面処理や材質が違う
   ・塗装:鉄に塗装、 ABS 樹脂に塗装、 PP 樹脂に塗装
   ・着色(樹脂の中に色を混ぜ込む):AES 樹脂、 PP 樹脂、 PE 樹脂
2. 色によって(ソリッド色orメタリック色)に塗装仕様と着色仕様が混在するパーツがある。
3. 熊本製作所で作っているものや、外部メーカー(数社)で作っているものがある。

等々の条件をクリアする必要があり、数々の苦労を経てリトルカブのカラーリングは完成されているのである。

リトルカブ ［1997年8月8日］ 型式：A-C50

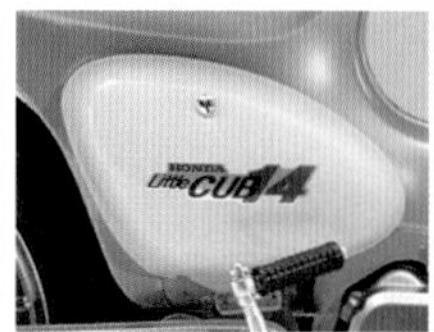

リトルカブのタイヤ径を示す14の数字と車名を掛け合わせた最初のエンブレム

エンジン型式：空冷4サイクルOHC 2バルブ単気筒49cc／最高出力4.5PS/7000rpm／常時噛合式3段リターン／車両重量74kg／本体価格159,000円（価格は消費税を含まず）

前・後輪に14インチ小径ホイールを装備。スーパーカブより30mm低シート化して70.5mmとして足着き性を向上。リアキャリアの高さも30mm低くなり、パンクに優れた効果を発揮するタフアップチューブを標準装備。カラーリングは3色を設定（スプリングターフグリーンメタリック×ココナッツホワイト）（ジョリーレッド×ココナッツホワイト）（スパークリングシルバー×モロッコブラウン）

リトルカブがデビューした頃の初期のカタログ。赤いレンガに描かれた黄緑のリトルカブを背に、颯爽と走る赤いリトルカブが非常に印象的な表紙であった。1960 年代のナイセストピープルキャンペーンとも重なる構図であり、若々しさと躍動感に満ちている。右上の「ちょうど小さい、リトルカブ」というコピーはリトルカブのキャラクターを的確に表わしている

リトルカブ50thアニバーサリースペシャル［1998年7月21日］型式：A-C50

凝った作りの記念車のロゴ入り専用キー

記念車共通のデザインであるが、形状はリトルカブ専用

初代スーパーカブC 100 のエンブレムをイメージしたもの

エンジン型式：空冷4サイクルOHC 2バルブ単気筒49cc／最高出力4.5PS/7000rpm／常時噛合式3段リターン／車両重量74kg／本体価格159,000円（価格は消費税を含まず）

初代スーパーカブC100をイメージしたマルエムブルーをボディ色に採用。左・右のサイドカバーには赤いスペシャルエンブレムを装着。創立50周年記念モデルとして、限定3000台発売

担当者◎島田晴夫が語るリトルカブ 50th アニバーサリースペシャル

コンセプト　「50th アニバーサリーカラー」は、ホンダ創業50周年を記念したもので、他のモデルも共通エンブレムを用いてシリーズ展開した。コンセプトはそれぞれの機種にちなんだヒストリックなカラーリングを現代版として復活させること。前年の1997年にリリースされたばかりで注目度の高かったリトルカブも、初代スーパーカブC100のカラーリングを再現した「50th アニバーサリースペシャル」を発売することになったのである。

カラーリング　主体色にはC100の青「マルエムブルー」（濃い方の青）を、50th専用の新色として再現した。C100のカラー制作に関わった大先輩から、当時の色がマルエムブルーと呼ばれていたことを聞いて、改めて正式に命名。"マルエム"の意味は不明だが、この美しい青はリトルカブだけでなく欧州のSKY（GCG W500）にもアニバーサリーカラーとして使われた。

50th エンブレム　各モデル共通の立体エンブレムがテーマ。同じデザインながら、それぞれのモデルの貼付場所のボディ曲面に合わせ、エンブレム底面の曲率が異なる５種類が存在する。

担当者の思い出　私の仕事は、この「50th アニバーサリー統一エンブレム」のデザインであった。担当者数名が「山篭（やまごも）り」と称し、当時松戸にあった日本ネームプレート社の一室に"カンヅメ"状態で制作にあたった。こだわったのは、縁のクローム面と中のポッティング（透明樹脂）が段差なく滑らかにつながるようにしたところで、記念エンブレムとして主張しつつ、ボディとの一体感も持たせたことである。エンブレムの赤にはHONDAのブランドカラーとしての想いを込めた。

リトルカブを贈り物の箱に入れ、まるでミニチュアのようなイメージで制作されているユニークな構成のカタログ

限定車に配色されたブルー系のボディカラーはマルエムブルー。深紅のシートに加えてノスタルジックブルーがフロントカバーとフロントフェンダー、サイドカバーにも用いられており、タンク下のステッカー等も含めてスーパーカブの極初期の生産車であるモデルの配色や雰囲気を忠実に再現していた

リトルカブ ［1998年12月12日］ 型式：A-C50

エンジン型式：空冷4サイクルOHC 2バルブ単気筒49cc／最高出力4.5PS/7000rpm／常時噛合式4段リターン／車両重量77kg／本体価格179,000円（価格は消費税を含まず）

エンジンの始動を容易にするセルフスタータータイプを追加設定。リターン式4段変速ミッションを搭載しキックタイプ（3段）に比べて、定地走行テスト値は125km/L→132km/Lに向上。2色のボディカラーを追加

ホンダ二輪車累計生産台数1億台達成の記念車として選ばれ、特別に製作されたリトルカブの1台（本文 P46 参照）

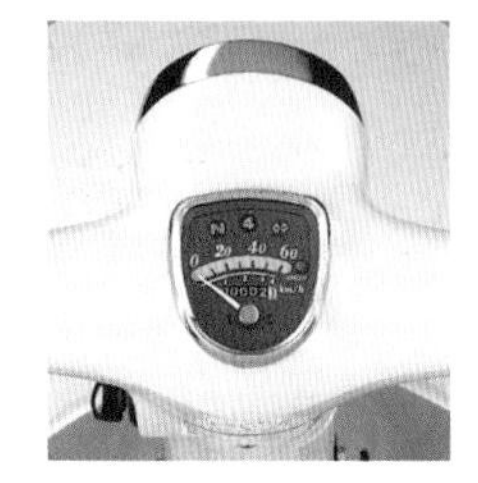

スピードメーター内には4速走行時に点灯するランプが追加されている

New
Little CUB

■リトルカブ〈セル付き〉 **¥179,000** ■リトルカブ **¥159,000**

※価格は、すべてメーカー希望小売価格（北海道、沖縄および一部地域を除く）です。※価格には保険料・消費税・登録などに伴う諸費用は含まれておりません。
※価格は参考価格ですので、詳しくは販売店にお尋ねください。

Specifications

名称	リトルカブ	リトルカブ〈セル付き〉
型式	A-C50	
全長（m）	1.775	
全幅（m）	0.660	
全高（m）	0.960	
シート高（m）	0.705	
車両重量（kg）	79	81
乾燥重量（kg）	75	77
乗車定員（人）	1	
燃料消費率（km/ℓ）	125.0（30km/h定地走行テスト値）	132.0（30km/h定地走行テスト値）
エンジン型式・種類	C50E・空冷4サイクルOHC単気筒	
総排気量（cm³）	49	
最高出力（PS/rpm）	4.5／7,000	
最大トルク（kgm/rpm）	0.52／4,500	
始動方式	キック式	セルフ式（キック式併設）
点火装置形式	CDI式マグネット点火	
燃料タンク容量（ℓ）	4.0	
変速機形式	常時噛合式3段リターン	常時噛合式4段リターン
タイヤ　前／後	2.50-14 32L／2.75-14 35P	
ブレーキ形式　前／後	機械式リーディングトレーリング／機械式リーディングトレーリング	
懸架方式　前／後	ボトムリンク式／スイングアーム式	
フレーム形式	低床バックボーン式	

■道路運送車両法による型式認定申請書数値■製造事業者／本田技研工業株式会社

●燃料消費率は定められた試験条件のもとでの値です。したがって、走行時の気象、道路、車両、整備などの諸条件により異なります。
※本仕様は予告なく変更する場合があります。※車体色は印刷のため実物と多少異なる場合があります。

デビューから約1年半、ユーザーの要望に応えるべく登場したセルフスタータータイプのリトルカブ<セル付き>。始動が容易になると共にリターン式４速ミッションを採用することにより、燃費も向上している。バージンベージュとアバグリーン２色のボディカラーが追加され、マフラーガードが全モデルに追加された

リトルカブ・スペシャル［2000年1月28日］型式：BA-AA01

クロームメッキ仕上げのサイドカバー。サイドカバーのマークとフロントトップカバーのマークはリトルカブ・スペシャルの専用ロゴとなっている

エンジン型式：空冷4サイクルOHC 2バルブ単気筒49cc 最高出力4.0PS/7000rpm／常時噛合式3段リターン（常時噛合式4段リターン）車両重量75kg（77kg）価格169,000円（189,000円）
※（ ）内はセルフスターター・キック併用タイプ（価格は消費税を含まず）

ボディ色はシャスタホワイト。フロントカバー、フロントトップカバーはホワイトスケルトン（ナチュラルホワイト）、サイドカバーはメッキ仕上げ。専用ロゴステッカー及びグレー基調のスピードメーター、ブラック×ホワイトの色調のシートなど。キック式・セル式2タイプ合計で限定3000台発売

担当者◎立石康が語るリトルカブ・スペシャル

カラーリング 当時の上司から「今までにない、凄くインパクトのあるスペシャルカラーを提案したい」という話を貰い、一緒になって検討した。ターゲットは若者。そこで当時流行っていた、アップルコンピューター「iMAC」に代表されるスケルトンボディをフロントカバー等に採用し、ワンポイントにクロームメッキサイドカバーで価値感をアップさせている。

エンブレム エンブレムも若者を意識した。当時、ストリートファッションとして人気の高かったアパレルブランドのロゴをイメージさせるグラフィティー風に「Little cub」を文字構成した。クラシカルなスタイルにモダンロゴのコントラストで、面白い効果が出せたと考えている。

担当者の思い出 開発当初、オールメッキのリトルカブも検討していた。しかし外部試作メーカーに依頼してみると、課題は山積み。試行錯誤しながらひとつひとつクリアして、なんとかできた試作のメッキフレームも課題が発生し、サイドカバー部分以外のクロームメッキはNGとなった。また開発色では、別案としてフロントカバー周りのスケルトン化も進めていたが、フロントカバー周りには種類の異なる複数の樹脂が使い分けられており、部品メーカーも複数社であったことから、材質やメーカーによる色の違いが懸案であった。結果的にはイメージ通りの透明度合い（内側が見えにくい半透明の白）の試作品をつくることができたのだが、材料を研究している部署にスケルトン樹脂の材質の特徴や、着色樹脂の色の造り方の相談をして、メーカーごとの色の差をなくすため、同じ樹脂メーカーの基本材を使用することで解決を図り、各メーカーとの交渉をするなど、勉強させられることの多い開発であった。

リトルカブ・スペシャルの名称で登場した第一弾。このカタログ表紙のリトルカブは、フロントトップカバーとフロントカバーにスケルトン素材(完全な透明ではなく半透明)が採用されていることがよくわかる

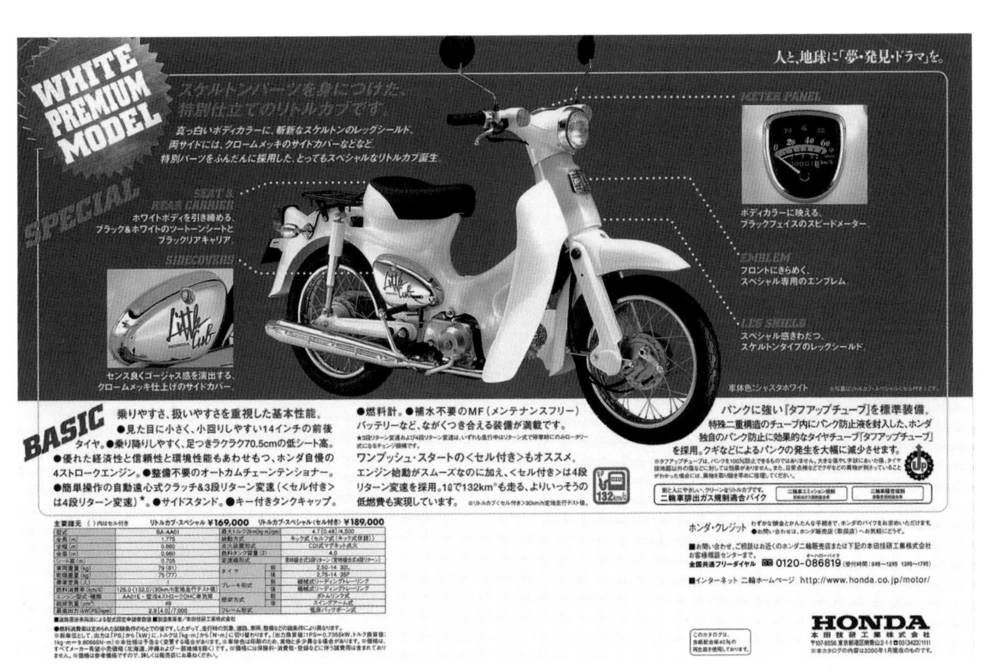

「ホワイト・プレミアム・モデル」とカタログで謳っている基調色の白色はシリーズ初登場のシャスタホワイト。シートもブラックとホワイトというモノトーンの組み合わせでスピードメーターも色調をグレーに変更されていた

リトルカブ・スペシャル［2000年8月25日］型式：BA-AA01

エンジン型式：空冷4サイクルOHC 2バルブ単気筒49cc 最高出力4.0PS/7000rpm／常時噛合式3段リターン（常時噛合式4段リターン）車両重量75kg（77kg）価格169,000円（189,000円）※（ ）内はセルフスターター・キック併用タイプ（価格は消費税を含まず）

車体色はピュアブラック。サイドカバーはメッキ仕上げ。専用ロゴステッカー及びグレー基調のスピードメーター。ブラック×ホワイトの色調のシートなど。キック式・セル式2タイプ合計で限定4000台発売

ボディカラーを含めてスペシャルポイントは5カ所（カタログでは赤い楕円でポイントを示している）あり、クロームメッキ仕上げのサイドカバーがボディ全体が黒いだけにさらに引き立つ

担当者◎ジョン＝Witoon Rerksiriwanが語るリトルカブ・スペシャル

担当者決定の背景　当時、日本の朝霞研究所のデザイン部門に、タイの研究所であるHRSから、２年間「逆駐在」していたデザイナーの自分がこのモデルを担当することになった。逆駐在とは、日本で実際に開発メンバーとして働くことを通してホンダイズムを体得し、本国に帰ってそれを広める、という人材育成施策の一環である。

コンセプト　このモデルでは、今まで以上に若者に照準を当てた。当時、白っぽいフロントカバーと明るいカラーリングが多い印象だったリトルカブのカラーバリエーションに対し、「違い」を出すことで個性を大切にする若いお客様に乗っていただきたいと考えたのである。フロントカバーは、当時PE（ポリエチレン）着色（元の樹脂に顔料を練り込んで着色し塗装を不要とする）が可能だったブラックとし、それに合わせフレームも黒塗装にすることで全身ブラックというインパクトをもたせた。同時に、クロームメッキのサイドカバーや2トーンのシートを採用することでよりスペシャル感を演出した。

担当者の思い出　苦労した点は、フロントカバーを黒にしたことにより、成型品表面のツヤ不足が目立ってしまった（白いフロントカバーの場合はツヤ不足に見えなかった）ことである。黒い樹脂を成型してもツヤが出るようにする方法はないものか。案を練り、方法を探ったところ、フロントカバーの金型をピカピカに磨くとよいことが分かった。量産時、そのようにして白いフロントカバーと同様の外観品質を確保したことは思い出深い。

真っ黒な車体を強調すべく、カタログに登場するキャラクターも黒一色である。このキャラクターと「LITTLE CUB IN BLACK」の文字は布地に印字されており、リトルカブ・スペシャルの専用ロゴが刺繍されているという珍しいカタログである。スーパーカブは、誕生以来フロントカバーは白系または薄い灰色や水色系であったが、この車はフロントカバーをブラックとしてボディと同色になり、それまでのカブ系モデルとは趣を異にする

用途にあわせて選ぶ。快適さを重視したアクセサリー。

フロントキャリア 08L40-GCN-000
¥2,600（取付時間0.1h）
サイズ：100（横）×180（長さ）mm、許容積載量：3kg

ウインドシールド 08R80-GCN-000
¥9,200（取付時間0.2h）
サイズ：460（幅）×450（高さ）mm
※メーターバイザーとの同時装着はできません。

シートカバー（レザー調） 08F80-GCN-000
¥2,400（取付時間0.1h）

HONDA ACCESS
株式会社ホンダアクセス

2000年頃にホンダアクセスから数多くのドレスアップパーツが提案されていた。純正部品と同様の耐久性に優れた様々なパーツには「Little Cubra」の文字が付けられており、"自分仕様"としてのドレスアップが楽しめた。スペシャル仕様のボディカラーも含め、リトルカブは若いユーザーに向けて企画されていたのである

リトルカブ・スペシャル[2002年1月22日]型式：BA-AA01

ジーンズのボタンをイメージした専用のロゴ

エンジン型式：空冷4サイクルOHC 2バルブ単気筒49cc 最高出力4.0PS /7000rpm／常時噛合式3段リターン（常時噛合式4段リターン）車両重量75kg（77kg）本体価格169,000円（189,000円）※（ ）内はセルフスターター・キック併用タイプ（価格は消費税を含まず）

車体色はバイスブルーでフロントカバーはデニムブルー。サイドカバーはメッキ仕上げ。デニムブルー×ホワイトの色調のシートなど。キック式・セル式2タイプ合計で限定3000台発売。※盗難抑止システムとして別売のアラームキットが装着できるプレワイヤリングを装備

担当者◎紀章（きの・あきら）が語るリトルカブ・スペシャル

コンセプト　例年、二輪需要の増える春先に合わせて発売する「新春スペシャル」の限定カラーである。この年は、若者に似合うような、さわやかで都会的なイメージでまとめてみた。従来のスーパーカブの「フロントカバー：淡色」「ボディ：濃色」というイメージを反転し、フロントカバーをダークブルーとすることで意外性とスペシャル感を表現した。

カラーリング　車体色はBICE BLUE（バイスブルー）とした。これは当時のスクーターFORZAの人気色で、明るくさわやかなブルーと、クロームのサイドカバーで軽快なイメージに仕上げた。またフロントカバー色は DENIM BLUE（デニム ブルー）という、往年のスーパーカブのボディ色をイメージさせるダークブルーを採用。シートやリアキャリアにも近似色のダークブルーを施した。ちなみにリアキャリアの色は私の大好きなヨンフォアのBURNISH BLUE（バーニッシュブルー）である。この時に配色したバイスブルーは、後に通常のカラーバリエーションとしてもラインナップされたが、その際に組み合わせたフロントカバーはココナッツホワイトである。

担当者の思い出　営業にカラー提案をする際、もう1パターン「オレンジ×ブラック」も提示したのだけれども、当日は気温が高くて暑かったので、営業担当者の「オレンジは暑苦しいなあ……」との一言でこのバイスブルーに決まったという経緯がある。苦労した点としては、ボディ色のバイスブルーはパーツによって材質が異なり（塗装、PP樹脂、PE樹脂、AES樹脂）、さらに、明るい色なのでそれぞれの色を合わせるのはとても大変であった。この点は全てのリトルカブのカラーリング担当者共通の苦労だと思われる。

若者に人気のブルーのデニムをモチーフにしており、ボディ色は人気の高かったバイスブルーを基調としている。背景もジーンズを意識したものになっている。フロントトップカバーマーク、サイドカバーマークもリトルカブ・スペシャルの専用となっている

2001 年 1 月に新色として登場したプラズマイエロー。カブ系に黄色が登場するのは 1970 年のスーパーカブ C50 のレオイエロー以来であった。このプラズマイエローはリトルカブに採用された後、約 2 か月後にスーパーカブの新色としても採用されている

2004 年 1 月に新色としてバイスブルー、インディグレーメタリック、シャスタホワイトの 3 色を追加。このうちの右のシャスタホワイトモデルは、2000 年 1 月に登場したリトルカブ・スペシャルと同色であるが、フロントカバーなども同色とし、シートはブラウン×ホワイトに変更されていた

リトルカブ・スペシャル［2005年1月18日］型式：BA-AA01

このモデルのタンクサイドに付けられた「Little Cub」を示す特徴的なメッキの立体エンブレム

エンジン型式：空冷4サイクルOHC 2バルブ単気筒49cc　最高出力4.0PS /7000rpm／常時噛合式3段リターン（常時噛合式4段リターン）車両重量75kg（77kg）本体価格170,000円（190,000円）※（　）内はセルフスターター・キック併用タイプ（価格は消費税を含まず）

シルバーメッキの「Little Cub」立体エンブレムを装着。車体色はプコブルーでサイドカバーはメッキ仕上げ。フォックスベージュ×シルキーホワイトの色調のシートなど。キック式・セル式2タイプ合計で限定2000台発売

担当者◎高杉哲太郎が語るリトルカブ・スペシャル

コンセプト　車両コンセプトは「レトロモダン」であった。日常生活にさりげなくカブがあるライフスタイルを想定して提案したものである。コンセプトに合うカラーリングとして、フロントカバーを白にすることで昔からのカブらしさを出したいと考えた。新鮮さよりも、馴染み感を出すことで日常生活に溶け込めるカブらしいカラーリングとしたものである。

こだわりの表現　小型バイクに詰め込まれたこだわりの表現として、専用立体エンブレムを採用した。またクロームメッキを施したサイドカバーに貼った大型ストライプは、クロームメッキ部をメインとせず、アクセントとして脇役の表現とした（周囲の人からは「もったいないなあ！」と言われたが……）。カタログ制作にあたっては、販促担当者にはレトロモダンのイメージを伝えながら推進したが、当時はデザイナーがカタログ作成に口出しするのは異例のことであった。

担当者の思い出　車体色は「プコブルー」。派手でなく、どこか懐かしい温かみのある新色のブルーである。時が経っても、いつまでも愛着が持てる色調を狙ったものである。これを具現化するために何日も一人で調色室にこもって取り組んだが、微妙な色調なのでこの色の塗料ばかり見ていると目が麻痺（まひ）して色味が解らなくなってきて、窓から何度も空を見上げてから作業したことを覚えている。

「それは、少し大人のリトルカブ。」とカタログで謳われている通り、車体色には落ち着きのある専用カラーのプコブルーを採用。同じブルー系のリトルカブ・スペシャルでも 2002 年 1 月登場のバイスブルーとは色調は異なる。シートもフォックスベージュ×シルキーホワイトのツートーンとして、新たなる需要を創出した

国内の二輪車排出ガス規制に適合するため、2007 年 10 月からリトルカブに環境対策が施され、エンジンなどが大きく変更された。エンジンの左右のクランクケースが黒塗装になっていることと、マフラーの形状が円筒状に変更され、マフラーガードも1枚のプレス形状になっているのが外観上の主な識別点である。写真のモデルはバージンベージュ(車体色)

リトルカブ[2007年10月5日]型式：JBH-AA01(C50L⑧2J)

60km/hまでを表示するメーター内には、左から燃料残量警告灯、ニュートラル表示灯、ウインカー表示灯、排気温度センサー灯が標準装備されていた

エンジン型式：AA02E・空冷4サイクルOHC 2バルブ単気筒49cc　最高出力3.4 PS /7000 rpm 電子制御燃料噴射装置(PGM-FI)　車両重量79kg。キック式／常時噛合式3段リターン　本体価格200,000円(5%税込価格210,000円)

リトルカブ<セル付き>[2007年10月5日] 型式：JBH-AA01(C50LM⑧2J)

エンジン型式：AA02E・空冷4サイクルOHC 2バルブ単気筒49cc　最高出力3.4 PS /7000 rpm 電子制御燃料噴射装置(PGM-FI)　車両重量81kg。セルフスターター・キック併用／常時噛合式4段リターン。車両重量81kg　本体価格220,000円(5%税込価格231,000円)

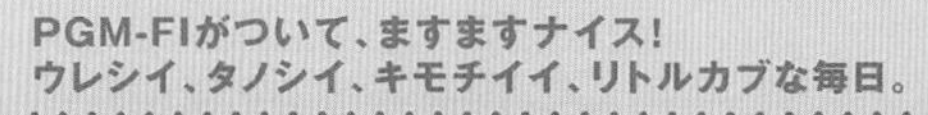

PGM-FIがついて、ますますナイス！ ウレシイ、タノシイ、キモチイイ、リトルカブな毎日。

クリーンでラクラク&パワフル。PGM-FIを搭載。

走っている状況に応じてコンピューターが考えて、燃料を効率的に使うクリーンなシステム。それがPGM-FIです。リトルカブは経済的でタフ、環境にもやさしいHonda自慢の4ストロークエンジンに、このPGM-FIを新たに搭載。寒さにもバッテリーあがりにも強いラクラクエンジン始動のほか、燃料を理想的な状態で燃やすことで、パワフルな走りも実現。坂道発進や加速の時などに、ゆとりあるパワーを発揮します。また、エキゾーストパイプ内にはキャタライザー(排気ガスの浄化装置)を採用。余分な排出ガスを抑えるクリーン性能をさらに高めています。

PGM-FI (Programmed Fuel Injection System)

電子制御による燃料噴射装置。大気の状態やエンジン回転数などから、コンピューターが常に理想的な燃料の使い方をコントロール。燃料を最適な量とタイミングで供給するので、エンジンのパフォーマンスを効率よく引き出します。

走り出したくなる。ちょうど小さいお気軽サイズ。

まさに“乗りやすい”という言葉がピッタリ。前後に「14インチ」という小さめのタイヤを採用し、乗り降りのラクな低いシート高や、取り回しもラクラクの小柄なボディーサイズを実現しています。また、軽快な走りを頼もしく支える太めのタイヤ幅や、ソフトな乗り心地のサスペンションなど。ついつい街にでかけたくなるような、走りのよさも自慢です。

スタイルを選ばない。それがナイスなスタイル。

自分のファッションに合わせやすい5色そろったボディーカラーをはじめ、コンパクトなレッグシールドやサイドカバーなど、やわらかな曲線を基調としたデザインは、どこからみてもキュートで新鮮。さらに、小型のウインカーケースや配色にこだわった速度計など、全身ナイスなスタイルです。

※メーターまわりの写真は、撮影のため任意にランプを点灯したものです。

簡単スタート&低燃費。<セル付き>もオススメ。

エンジン始動がラクラクなのはもちろん、<セル付き>は4段リターン変速を採用。とっても低燃費*だから行動範囲もグンと広がります。

*リトルカブ<セル付き>113km/ℓ(30km/h定地走行テスト値)

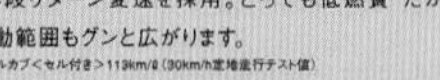

長くつきあえる。カブならではの充実装備。

●整備不要のオートカムチェーンテンショナー&MF(メンテナンスフリー)バッテリー ●簡単操作の自動遠心クラッチ&3段リターン変速(<セル付き>は4段リターン変速)* ●キー付ガソリンタンクキャップ ●見やすい燃料計&安心の燃料残量警告灯 など。

*3段リターン変速および4段リターン変速は、いずれも走行中はリターン式で停車時にのみロータリー式になるチェンジ機構です。

パンクに強い「タフアップチューブ」標準装備。

ビジネス仕様のカブ・シリーズ同様、パンク防止に効果的な「タフアップチューブ」を標準装備。特殊二重構造のチューブ内に封入されたパンク防止液が、クギなどによるパンクの発生を大幅に減少してくれます。

※タフアップチューブは、パンクを100%防止できるものではありません。大きな傷や裂状にあいた傷、タイヤ接地面以外の傷などに対しては効果がありません。また、日常点検などでクギなどの異物が刺さっていることがわかった場合には、異物を取り除き早めに修理してください。

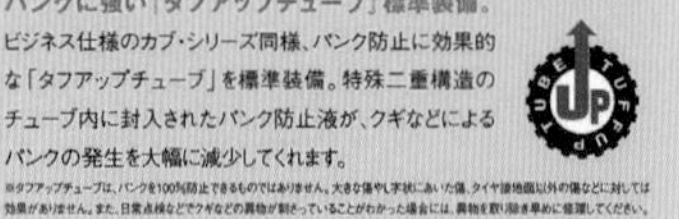

2007年10月に、リトルカブに電子制御燃料噴射システム(PGM-FI)が搭載され、さらにこのシステムに加えて、排出ガスを浄化する触媒装置(キャタライザー)がエキゾースト内部に装備されている(平成18年度国内二輪車排出ガス規制適合)

ウレシイ、タノシイ、キモチイイ、リトルカブな毎日。

タフでパワフルな空冷4ストロークOHCエンジン。

走っている状況に応じてコンピューターが考えて、燃料を効率的に使うPGM-FI※1を採用。

前後14インチタイヤ&低シート高で乗り降りラクラク。

簡単スタート&低燃費。<セル付き>もオススメ。

パンクに強い「タフアップチューブ」も標準装備。

長くつきあえる。カブならではの充実装備。

- 整備不要のオートカムチェーンテンショナー&MF(メンテナンスフリー)バッテリー
- 簡単操作の自動遠心クラッチ&3段リターン変速(<セル付き>は4段リターン変速)※2
- キー付ガソリンタンクキャップ
- シート下にある燃料計&安心の燃料残量警告灯 など。

写真はリトルカブ

※1:Programmed Fuel Injection System　※2:3段リターン変速および4段リターン変速は、いずれも走行中はリターン式で停車時にのみロータリー式になるチェンジ機構です。■メーターまわりの写真は、撮影のため任意にランプを点灯したものです。

プコブルー×ココナッツホワイト

ブラック

タスマニアグリーンメタリック×ココナッツホワイト

バージンベージュ×ココナッツホワイト

ムーンストーンシルバーメタリック×ブラック

リトルカブ キック式スターター　CL50L⑧2J
メーカー希望小売価格¥216,000（消費税抜き本体価格¥200,000）

リトルカブ <セル付き> セルフ式スターター（キック式併設） CL50LM⑧2J
メーカー希望小売価格¥237,600（消費税抜き本体価格¥220,000）

※価格はメーカー希望小売価格（消費税8%込）で参考価格です。また一部地域では異なります。
※価格（リサイクル費用を含む）には保険料・登録などに伴う諸費用は含まれておりません。
※詳しくはHonda二輪車正規取扱店にお尋ねください。

このマークが貼付されている二輪車は、再資源化するためのリサイクル費用がメーカー希望小売価格に含まれています。廃棄時に新たなリサイクル料金のご負担はありません。但し、廃棄二輪車取扱店に収集・運搬を依頼する場合の収集運搬費用はお客様のご負担となります。

Specifications リトルカブ/リトルカブ<セル付き>主要諸元　【　】内はリトルカブ<セル付き>

車名・型式	ホンダ・JBH-AA01	エンジン型式	AA02E	燃料消費率*(km/L)	109.0【113.0】(30km/h 定地燃費値)
全長/全幅/全高(mm)	1,775/660/960	エンジン種類	空冷4ストロークOHC単気筒	始動方式	キック式【セルフ式(キック式併設)】
軸距(mm)	1,185【1,190】	総排気量(cm³)	49	点火装置形式	フルトランジスタ式バッテリー点火
最低地上高(mm)	115	圧縮比	10.0	変速機形式	常時噛合式3段リターン【常時噛合式4段リターン】
シート高(mm)	705	最高出力(kW[PS]/rpm)	2.5[3.4]/7,000	タイヤ(前/後)	2.50-14 32L/2.75-14 35P
車両重量(kg)	79【81】	最大トルク(N・m[kg・m]/rpm)	3.8[0.39]/5,000	ブレーキ形式(前/後)	機械式リーディングトレーリング
乗車定員(人)	1	燃料供給装置形式	電子式〈電子制御燃料噴射装置(PGM-FI)〉	懸架方式(前/後)	ボトムリンク式/スイングアーム式
最小回転半径(m)	1.8	燃料タンク容量(L)	3.4	フレーム形式	バックボーン式

■道路運送車両法による型式認定申請書数値（シート高はHonda測定値）　■製造事業者 / 本田技研工業株式会社

*燃料消費率は、定められた試験条件のもとでの値です。お客様の使用環境(気象、渋滞等)や運転方法、車両状態(装備、仕様)や整備状態などの諸条件により異なります。定地燃費値は、車速一定で走行した実測にもとづいた燃料消費率です。
※本仕様は予告なく変更する場合があります。※写真は印刷のため、実際の色と多少異なる場合があります。
※PGM-FIは本田技研工業株式会社の登録商標です。※本カタログ内の写真の小物類は撮影のために用意したものです。

Honda純正ウルトラオイル
ウルトラG1 SL10W-30 JASO MA
1L ¥1,242(消費税抜本体価格¥1,150)

お問い合わせ、ご相談はお近くのHonda二輪車正規取扱店または下記お客様相談センターまで。
Honda お客様相談センター
全国共通フリーダイヤル 0120-086819（オーハローバイク）(受付時間:9時～12時 13時～17時)

■インターネットや携帯サイトでリトルカブの情報をお伝えしております。
PC　http://www.honda.co.jp/LITTLECUB/
携帯　http://dream.honda.co.jp/LITTLECUB/

エンジンのクランクケースカバーはシルバーからブラックに変更され、マフラーやガード等の形状を変更。車体色は「プコブルー×ココナッツホワイト」「バージンベージュ×ココナッツホワイト」「ムーンストーンシルバーメタリック×ブラック」「ブラック」「タスマニアグリーンメタリック×ココナッツホワイト」の5色を設定

リトルカブ・50周年スペシャル [2008年8月1日] 型式：JBH-AA01

新しい「Little Cub」のロゴデザインが取り入れられたリトルカブ・50周年スペシャル

エンジン型式：AA02E・空冷4サイクルOHC 2バルブ単気筒49cc　最高出力3.4PS/7000rpm／常時噛合式3段リターン　本体価格200,000円（5%税込価格210,000円）

車体色はパールコーラルリーフブルー。サイドカバーに「50th ANNIVERSARY」の記念エンブレムを採用。シート下部のボディ左右に、「Little Cub」のシルバーカラーのステッカーを採用。シート表皮はリードレッド色。メーター内に、「50th ANNIVERSARY」のロゴを採用など。受注期間限定（2008年7月23日から8月末日まで）

1960年頃に雑誌に掲載された初代スーパーカブC100の広告。担当した尾形次雄氏によると東京で営業していた蕎麦屋「兵隊家」に製作の協力を依頼して、実際にお店で働いている店員の協力を得て撮影されたという

担当者◎栗城大亮が語るリトルカブ・50周年スペシャル

コンセプト　コンセプトは「50年間愛され続けたスーパーカブ」である。50年目のスペシャルモデルとして、スーパーカブと同時にリトルカブでもスペシャルカラーを発売し、50年という時間や歴史を感じさせるカラーリングを目指した。カラーコンセプトを考えるにあたり、イメージしたのはテレビの進化である。昔はモノクロだったものが鮮やかなカラーテレビに変わってきたように、初代C100スーパーカブの控えめな印象がある色調から、鮮やかな色調とカブらしさを両立したカラーリングを考えたのである。

カラーリング　車体のかわいらしいデザインをより強調するように、初代C100のイメージカラーを鮮やかな色合いで表現した。カブのオリジナルカラーを現代的にアレンジし、懐かしさと新鮮さを演出したものである。主体色のパールコーラルリーフブルーは、初代C100の青を現代的に鮮やかにしたイメージのパール塗装である。シートにも鮮やかな赤（リードレッド）を採用した。

エンブレム　サイドカバーの50thエンブレムはスーパーカブの50周年に相応しく、かつ、ホンダバイクのシンボルとしてウイングも感じさせるエンブレムとしてデザインした。繊細さと強さを持ったエンブレムができたと思っている。

担当者の思い出　50年という歴史をカラーでどう表現したらよいかについては、かなり悩んだ。昔のカラーリングを復刻させたモデルは過去にあったので、新しい発想、かつスーパーカブらしいカラーリングのアイデアを出すのは大変であった。それまではフロントセンターカバー部の塗装仕様がなかったので、工場や協力メーカーとの調整など、このモデルでフロントセンターカバーの塗装仕様を実現するのは思いのほかチャレンジングであった。

どちらも受注期間限定の両車が1枚に収まったカタログの表紙。背景に見える「兵隊家」の看板を掲げたお店は、50 年前にデビューした初代スーパーカブの 1960 年頃の広告にも使用された蕎麦屋である

スーパーカブ誕生 50 周年を記念したリトルカブ・50 周年スペシャルは、スーパーカブ 50・50 周年スペシャルと同時に発売されたモデルであった。右側には、カブシリーズの 50 年間に及ぶ歩みが記述されていた

リトルカブ・55周年スペシャル［2013年11月15日］型式：JBH-AA01

エンジン型式：AA02E・空冷4サイクルOHC 2バルブ単気筒49cc　最高出力3.4PS /7000rpmセルフスターター・キック併用／常時噛合式4段リターン　車両重量81kg　本体価格238,000円（5%税込価格249,900円）

車体色はブラックとファイティングレッドの2色を設定
前・後のリムはレッド塗装として前・後のブレーキハブはブラック塗装
左右サイドカバーはクロームメッキ処理
スーパーカブ誕生55周年を記念したステッカーを採用
格子柄のデザインのシートなど
受注期間限定（2013年11月8日から2014年1月26日まで）

赤と黒を基調に、ギターのピック形状でデザインされたサイドカバーのエンブレム

担当者◎西村舞が語るリトルカブ・55周年スペシャルモデル

コンセプト　スーパーカブ発売から55周年記念のスペシャルモデルとして、カスタマイズの提案も一緒にしよう、カタログなども今までと違ったものにしようと製品そのものだけでなく、発信訴求強化の試みも含めてのスタートであった。都内の中古車ディーラーやカスタムショップなどをまわり、人気のある色や志向など、リアルなユーザーの趣向を知ることで提案のイメージを膨らませていった。

カラーリング　メインターゲットである日本の若者のライフスタイルから、従来のフロントカバーとボディで色を違える組合せではなく、「真っ赤／真っ黒」といったシンプルでインパクトのあるカラーが良いのでは？という発想に至った。また、クロームメッキのサイドカバーを採用したり、シートを千鳥格子の2トーンにしたりと1950年代〜60年代のレトロポップを感じる要素を集めたカラーデザインを採用した。

エンブレム、カタログ　カタログやエンブレムのデザインも、このリトルカブのレトロポップな世界観を最大限伝えられるように検討を進めていった。エンブレムはギターピックの形をモチーフにし、カスタマイズのカタログやカスタマイズパーツもスペシャルモデルのイメージにあわせてデザインを提案した。

担当者の思い出　樹脂の種類の違いで色調が違ってしまうことへの対策や、外部メーカーと熊本製作所の塗装品質を合わせたり、先輩方が経験された苦労がこのモデルでもあり、特に赤色のモデルで多く発生した。またリムの赤色塗装は、タイヤを組む時に傷がつくのではという生産側の懸念もあった。製品カタログ制作では、ビジュアル案がなかなか思うようなイメージにならず、最終的には代理店さんが最初に作ったものの、こちらにまだ提示していなかった案が一番イメージどおりだった、などというのは懐かしい思い出である。

リトルカブシリーズのみならず、スーパーカブシリーズも含めて最もインパクトがあると思われるカラーリングを取り入れた 2 つのタイプのカタログ。このカタログは、1枚で表がブラック、裏がファイティングレッド色のモデルを紹介する構成である

リトルカブ・55 周年記念車専用のカスタマイズ用カタログ。レッグシールド 2 ラインステッカー、シートカバー ブラック／バイソン、クラシックミラーメッキセット、樽型スモールグリップセットなど、いくつものパーツ類が全て KIJIMA 製として用意されていた

リトルカブ・スペシャル［2015年2月13日］型式：JBH-AA01

エンジン型式：AA02E・空冷4サイクルOHC 2バルブ単気筒49cc　最高出力3.4PS/7000rpmセルフスターター・キック併用／常時噛合式4段リターン　車両重量81kg　本体価格220,000円（8%税込価格237,600円）

車体色はパールコーラルリーフブルー。サイドカバーに「50th ANNIVERSARY」の記念エンブレムを採用。シート下部のボディ左右に、「Little Cub」のシルバーカラーのステッカーを採用。シート表皮はリードレッド色。メーター内に、「50th ANNIVERSARY」のロゴを採用など。受注期間限定（2008年7月23日から8月末日まで）

リトルカブシリーズの中で唯一、カタカナと漢字で構成されたロゴのフロントエンブレム

サイドカバーのエンブレムもカタカナと漢字が使用されているが、フロントエンブレムとは異なるデザインが採用されている

担当者◎生井雅士が語るリトルカブ　スペシャル 立体商標登録記念車

開発の経緯　スーパーカブが乗り物として初めて立体商標登録を獲得したのは業界として大きなニュースであった。そしてタイミングよく「立体商標登録記念モデル」としてこのモデルを発売することが決定された。

カラーリング　緊急対応ということで、即日量産できる色からの選択が必要条件であった。そこで以前人気の高かった2008年8月発売の「リトルカブ50周年スペシャル」のカラーリングを採用することを営業サイドが事前に決定していた。結果、そのカラーでシート色のみを変更することでカラーリングが決定した。

担当者の思い出　エンブレムの開発では、当初50周年・55周年モデルのようなテイストのエンブレムを検討していた。しかし主体色が決まっている中、従来のようなカッコイイ系のエンブレムでは今までの記念モデルと違いが出ないことに気付いた。そこで、

・エンブレムだけでそのモデルの印象を変えられないだろうか?

・「そのエンブレム欲しい！」と言われるくらいのデザイン はできないだろうか?

などあれこれ考えている時、ふと昔のカブの写真やカタログを見て「スーパーカブ号」という素敵なロゴに出会った。このロゴに、漢字で「立体商標登録」の文字と、カブのシルエットを入れたスケッチを描いてみた。その結果、既に決まっていたカラーリングとの相性もよく、カブの歴史を感じさせる立体商標登録の意味合いともマッチして、レトロな感じの、今までにないモデルに仕上がったと考えている。

Little Cub Special

受注期間限定モデル

そのデザイン、唯一

ホンダの「スーパーカブ」の形状が特許庁から立体商標として登録された。二輪自動車*としてはもとより自動車業界としても、その乗り物自体の形状が立体商標登録されるのは日本で初めてであり、工業製品全般としても極めて珍しい事例となる。ホンダはこの立体商標登録を記念して、リトルカブのスペシャルモデルを発売する。

*特許庁 類似商品・役務審査基準 第12類「二輪自動車」

車体色：パールコーラルリーフブルー

Specifications リトルカブ・スペシャル 主要諸元（セル付き仕様）

車名・型式	ホンダ・JBH-AA01	最高出力（kW[PS]/rpm）		2.5[3.4]/7,000
全長（mm）	1,775	最大トルク（N·m[kgf·m]/rpm）		3.8[0.39]/5,000
全幅（mm）	660	燃料供給装置形式		電子式（電子制御燃料噴射装置（PGM-FI））
全高（mm）	960	燃料タンク容量（L）		3.4
軸距（mm）	1,190	燃料消費率*（km/L）		113.0（30km/h定地燃費値）
最低地上高（mm）	115	始動方式		セルフ式（キック式併設）
シート高（mm）	705	点火装置形式		フルトランジスタ式バッテリー点火
車両重量（kg）	81	変速機形式		常時噛合式4段リターン★
乗車定員（人）	1	タイヤ	前	2.50-14 32L
最小回転半径（m）	1.8		後	2.75-14 35P
エンジン型式	AA02E	ブレーキ形式（前/後）		機械式リーディング・トレーリング
エンジン種類	空冷4ストロークOHC単気筒	懸架方式	前	ボトムリンク式
総排気量（cm³）	49		後	スイングアーム式
圧縮比	10.0	フレーム形式		バックボーン式

■道路運送車両法による型式認定申請書数値（シート高はHonda測定値） ■製造事業者／本田技研工業株式会社

★リターン式は停車時のみロータリー式になるチェンジ機構です。

*燃料消費率は、定められた試験条件のもとでの値です。お客様の使用環境（気象、渋滞等）や運転方法、車両状態（装備、仕様）や整備状態などの諸条件により異なります。定地燃費値は、車速一定で走行した実測にもとづいた燃料消費率です。

※本仕様は予告なく変更する場合があります。※写真は、実際の色と多少異なる場合があります。※PGM-FIは本田技研工業株式会社の登録商標です。

リトルカブ・スペシャル C50LM㊤YK

メーカー希望小売価格¥237,600（消費税抜本体価格¥220,000）

※価格はメーカー希望小売価格（消費税8%込）で参考価格です。また一部地域では異なります。
※価格（リサイクル費用を含む）には保険料・登録などに伴う諸費用は含まれておりません。
※詳しくはHonda二輪車正規取扱店にお尋ねください。

受注期間限定モデル	受注期間：2015年3月29日まで

このマークが貼付されている二輪車は、再資源化するためのリサイクル費用がメーカー希望小売価格に含まれています。廃棄時に新たなリサイクル料金のご負担はありません。但し、廃棄二輪車取扱店に収集・運搬を依頼する場合の収集運搬費用はお客様のご負担となります。

PGM FI

Honda純正ウルトラオイル 4ストローク用

ウルトラG1 SL10W-30 JASO MA

1L ¥1,242

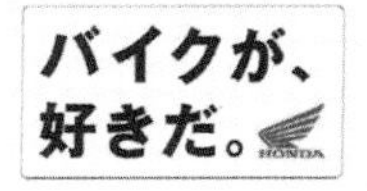

インターネットや携帯サイトでリトルカブの情報をお伝えしております。

PC http://www.honda.co.jp/LITTLECUB/ 携帯 http://dream.honda.co.jp/LITTLECUB/

お問い合わせ、ご相談はお近くのHonda二輪車正規取扱店または下記お客様相談センターまで。

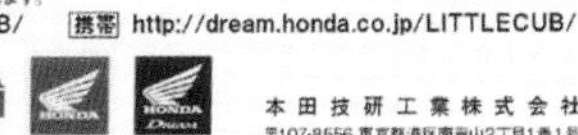

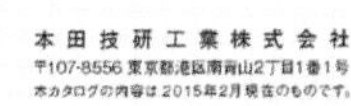

Honda お客様相談センター
全国共通フリーダイヤル 0120-086819（受付時間：9時～12時 13時～17時）

本田技研工業株式会社
〒107-8556 東京都港区南青山2丁目1番1号
本カタログの内容は2015年2月現在のものです。

立体商標登録記念モデルは、2008年8月発売のスーパーカブ50周年記念車の色調をベースにしている。したがってボディカラーは同色のパールコーラルリーフブルーを採用しているが、シートがリードレッドとホワイトのツートーンであることなど、仕様が若干異なる

リトルカブ[2014年11月現在]型式：JBH-AA01(C50L⑧2J)

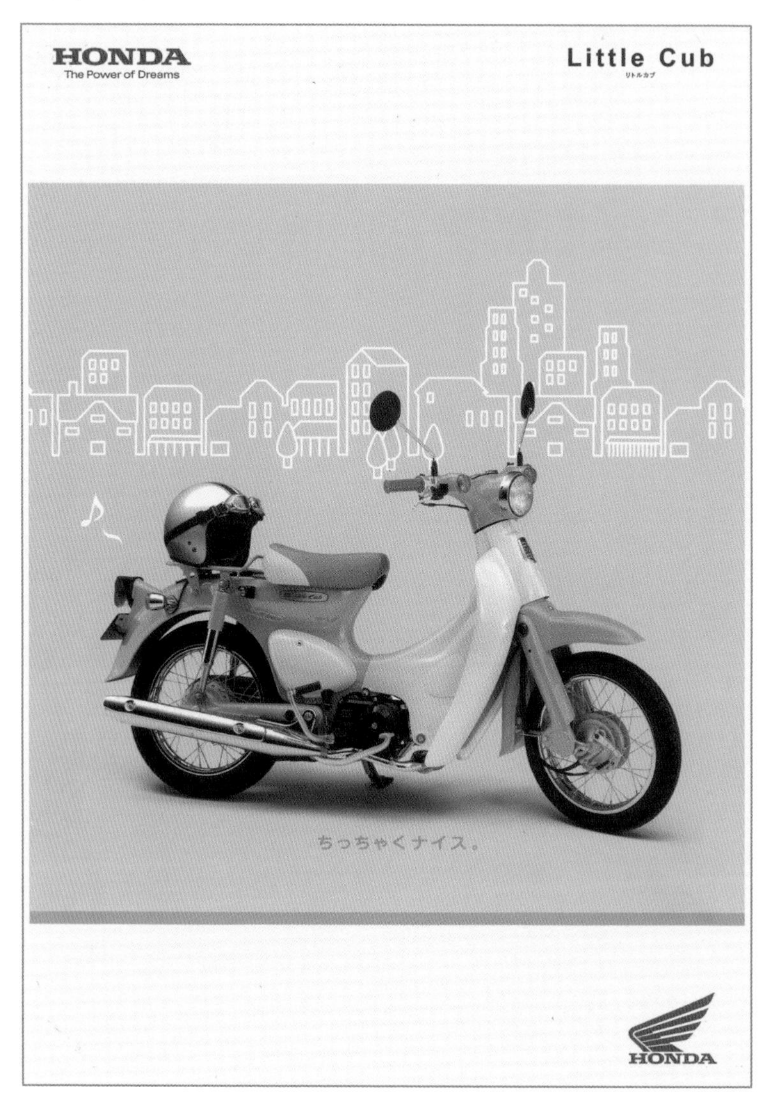

エンジン型式：AA02E・空冷4サイクルOHC 2バルブ単気筒49cc 最高出力3.4PS/7000rpm電子制御燃料噴射装置（PGM-FI） 車両重量79kg。キック式／常時噛合式3段リターン 本体価格200,000円（8%税込価格216,000円）

車体色は「プコブルー×ココナッツホワイト」「バージンベージュ×ココナッツホワイト」「ムーンストーンシルバーメタリック×ブラック」「ブラック」「タスマニアグリーンメタリック×ココナッツホワイト」の5色が設定されていた

リトルカブ<セル付き>[2014年11月現在]型式：JBH-AA01(C50LM⑧2J)

エンジン型式：AA02E・空冷4サイクル OHC 2バルブ単気筒 49cc 最高出力 3.4 PS /7000 rpm 電子制御燃料噴射装置（PGM-FI） 車両重量 81kg。セルフスターター・キック併用／常時噛合式 4 段リターン。車両重量 81kg 本体価格 220,000 円（8%税込価格 237,600 円）

リトルカブのカタログは、生産後期になると「ちっちゃくナイス。」のコピーが使われたデザインとなった。2014 年 4 月版としてこのカタログは制作・配布されており、2014 年 11 月に再度制作されているがこのカタログのデザインと同様だった。裏面には短い文の中にリトルカブのデビュー当初からの特徴がきっちりと入って説明されていて「長くつきあえる。カブならでの充実装備。」の文面が、スーパーカブの直系であることを物語っていた

■リトルカブこぼれ話
あるオートバイ屋さんがつくった新聞配達車

リトルカブが発売されてしばらくしたころに、17インチタイヤのプレスカブを14インチに改造したオートバイ屋さんがある。当時、新聞配達をしていた40代の女性から「シートが高くて足が届かない。何とか低くできないか」という相談を受けたのだった。

彼女の希望はシート高を数センチ下げることであった。これはシートのアンコ抜き程度では不可能な数字である。そこで思いついたのが、タイヤを17インチからリトルカブ用の14インチにすることであったという。さっそく作業に取り掛かった。しかし、その頃のプレスカブに14インチタイヤを装着したことはなく、全てが初めて経験する改造になったのである。

プレスカブのスポークは前36本、後36本あり、リトルカブも同じ計72本だったので、リムもリトルカブ用のものを流用して短いスポークに交換することにしたのだが、プレスカブとリトルカブではブレーキドラムの径が異なり、プレスカブの方が少し大きい。そのままで仮組するとスポークが直線状にならず、ほんの少しだけ膨らむことがわかった。これには72本すべてに特別なスポーク加工をして対応して解決。また、新聞配達には欠かせない肝心のサイドスタンドは、2段ある取り付けプレートの穴2か所を下段側に移し、同時にプレートのスタンド取付け部に曲げ加工をほどこして、スタンド自体も少し短く切り詰めたという。ただし、メインスタンドに関しては、まず使用することがないということでそのままにしたとのことだった。

走行関係については、低速での発進・停止が主な新聞配達用のプレスカブなので、メーター類もスプロケット類も一切変更はしなかったそうだが、その後の新聞配達にもまったく支障はなく、厳しい使用に耐えた。こうしてシート高を下げることに成功したおかげでシートもキャリアもフロントフェンダーもそのまま転用でき、乗車時の快適性もスポイルされず、雨天時もプレスカブの従来の耐水性能を損なうことはなかったという。

残念ながら、特に写真を撮っておいたわけでもなく、すでに役目を終えて廃車になっているので実車は現存しないが、14インチに改造した後、この新聞配達の女性はことのほか日々の仕事での使用を喜んでいたとのことである。

これはリトルカブが発売された後のエピソードだが、スーパーカブの低車高化の要望がずっと以前から存在していたことが伺えるひとつの事例である。ここに目を付けていたホンダの需創メンバーの先見性が、リトルカブの誕生へとつながっていったに違いない。そして低車高化に伴いユーザー層拡大を図ったリトルカブの成功を裏付ける話も、このオートバイ屋さんで聞くことができた。

「リトルカブが発売になったころ、確かに若い人たち、特に女の子に人気があってよく売れましたよ。何しろ小さくて色がきれいでしたからね。後で出た黄色は特に人気がありました。また、その頃リトルカブの原付二種への登録変更もよく聞かれましたね。うちではその対応はしていませんでしたが、部品交換をして楽しむのは若い男の子が多かったと思います。関心がある子は自分なりに工夫して乗っていたようですね」店主の奥様の言である。

リトルカブは狙いどおり、女性や若者にも人気のバイクとなったのである。

作画：中村英雄

写真が無いので話を基に編集部で描いたイラスト。実車の改造同様、まずカタログを参考に17インチで描いてからタイヤを小さくした。なぜかホイールベースが長くなったカブの印象を受ける。スーパーカブを14インチ化するのはユニークな改造だと思うが、やはり全体のバランスは悪くなる。リトルカブがそうした問題を専用にデザインした部品等によって解決していることを再確認できた

第2章

リトルカブの生産ラインの記録
（本田技研工業　熊本製作所）

ホンダの国内4番目の製作所である熊本製作所は、1976（昭和51）年に操業を開始した。国内製作所の中では最も大きく、国内外用の大型二輪車も含めた二輪車生産のハブ工場でもあり、また多くのパワープロダクツを生産している。スーパーカブは途中大幅なモデルチェンジも行ない、海外に生産が移管された時期もあったが、2017年から再び熊本製作所に生産が移されている。

リトルカブは生産されていた20年の間、大きな変更も無く一貫してこの熊本製作所で生産されていた。リトルカブは、初代スーパーカブやその派生モデルたちと同じパイプバックボーンとプレスフレームの構造で国内生産された最後のモデルでもある。

この章で取り上げたのは、2016年当時の熊本製作所におけるリトルカブの生産ラインの様子である。近年とは異なり、徹底したオートメーション化がなされておらず、生産工程の中で熟練の担当者による手作業が、多数見られる。難しい組み立て作業が確実に手際良く進められていることがおわかりいただけると思う。この章では、限られた頁数ではあるが、今では見ることのできない貴重な生産ラインの様子を知っていただきたく、完成までの流れを写真と簡単な解説によってまとめたものである。

■エンジン組み立て工程

1：エンジン組み立てライン。クランクケースがラインに流れてくるところ。

2：ギアの組み付けは手作業で行なわれる。ギア等の回転部分や可動部分の部品は、十分にエンジンオイルを塗布してから組み付けられる。

3：ミッション内のギアを取り付けた状態。まだクランクシャフト等は入っていない。このエンジンはセル付用で手前の穴はモーター取り付け部。

4：エンジン組み立てラインの始まりに近いところ。

5：組み付け前のクランクシャフト。精密な部品であるため、養生されて大切に運ばれてくる。

6：シャフト類の組み付け。神経を使う作業。

7：クランクケースの組み立てが進む。

8：クランクやミッションのシャフト類を組み込んだ状態。写真はセル付エンジン用。

9：メインシャフトやカウンターシャフトの取り付け。

10：クランクケースが組み上がる。エンジンの土台である。

11：ガスケットやチェーン等、エンジン組み立てに使うパーツが整理されている。ここから必要な部品を担当者が選択して抜き取る。

12：総アルミ製クランクケースにクランクシャフトが取り付けられた状態。

13：ピストンピンとセットになったピストン。新旧共にカブ系エンジンのピストン単体は非常に小さく、直径39.0mmと、ニワトリの卵くらいの大きさである。

14：ピストンの取り付け。ピストンピン及びサークリップがエンジン内部に落ちないようにカバーを装着して作業する。

15：スタッドボルトの取り付け。この後、シリンダー取り付けの工程へと進む。

16：シリンダーとクランクケースの間にガスケットを取り付ける。

17：シリンダーを取り付ける。だんだんとエンジンらしくなってくる。

18：左側クランクケースにスターターモーターを取り付ける（セル付車両）。

19：カムチェーンの取り付け。
小さな部品だけに、組み込みには
細心の注意が必要。

20：フライホイールの取り付け。
フライホイールはエンジンが連続
した回転力を得るために必要な大
切な部品のひとつ。

21：シリンダーヘッド部の取り付け。
この工程でエンジンの外観がほぼでき
上がる。

22：自動遠心クラッチの取り付け。リトルカブはスーパーカブと同様、チェンジペダルを踏んでいる時にはエンジンの動力が伝わらない独自の構造。

23：スーパーカブシリーズの特長である自動遠心クラッチが取り付けられた状態。

24：クラッチカバーの取り付け。8本のボルトを均一に締める。

25：ヘッドカバーの取り付け。この後、フューエルインジェクションのスロットルボディを取り付ける。

26：シリンダー内にエアを入れて内圧と漏れが無いかチェックしている様子。

27：組み立て完成後のエンジンをストックする。これから完成車組み立てラインに運ばれる。

■車体組み立てから完成まで

1：各色に塗装済みのフレームボディが搬送ハンガーで組み立てラインサイドに運ばれる。

2：各色に塗装済みのフレームボディにナンバーを打刻している様子。ナンバーは車体左側のサイドカバーの下端部分に打刻される。完成車組み立てラインはこの工程からスタートする。

3：各パーツが搬送ハンガーで運ばれる。この後、それぞれの工程で熟練の担当者によってパーツが組まれるのである。

4：フレームボディにあらかじめまとめられたケーブル類やハーネス類を手際よく取り付ける。

5：エンジン取り付け前。すでにリアウインカー等の電装関係も組み付けられている。フレームボディはヘッドパイプ部分だけで作業台に固定されている。

6：フロント部品は、別の場所でユニットとして組み立てられ、搬送ハンガーでラインサイドまで送られる。

7：ラインサイドには、搬送ハンガーでガソリンタンク（ボディと同色）やステップが用意されている。

8：別のラインでは、サスペンションやセンタースタンド、ブレーキドラム等のパーツが供給される。

9：エンジンとフレームボディの結合準備。作業台上のエンジンは左右のクランクケースカバーが黒い燃料噴射型。

10：ガソリンタンクの取り付け。タンクはボディと同色である。

11：エンジンとフレームボディの結合。ヘッドパイプ部のハンガーからは外されているが、一人の作業で組み付ける。エンジンとフレームは2本のボルトで結合される。

12：取付け前のリア回り。スイングアームやスプロケットもこの工程で取り付けられる。

13：リアサスペンションの取り付け。スイングアームとリアホイール、リアキャリアも組み付けられる。

14：フロント回りの組み立て。この時点ではフロントフェンダーにまだ保護カバーが掛けられている。

15： ハンドル部分も取り付けられ、だんだんとリトルカブらしい姿になってくる。

16：エアークリーナーボックスやギヤのチェンジペダルも取り付けられ、さらに形が整ってくる。チェンジペダルの形状がスーパーカブとはかなり異なっているのが確認できる。

17：ヘッドライトケースのユニットとして組み立てられた部品。写真のとおりカプラーとギボシを併用している。

18：左右の各種ハーネスやワイヤー等を丁寧に取り回し、ヘッドライトケースを取り付ける。この段階ではスーパーカブとほとんど同じように見える。

19：マフラーの取り付け作業。キズの付きやすい大きなメッキ部品なので注意しながら取り付ける。

20：シートの取り付け。シートはスーパーカブ同様、2本のボルトで固定される。

21：ヘッドライトケースに収納する配線作業。リトルカブの配線は一般的なカプラータイプだけではなくギボシタイプも併用されており、細かな作業となる。非常に狭いところの煩雑な作業であるが、手際よくまとめられる。

22：非常に適確にエンジン回りの小さなパーツを取り付けてゆく。

23：「Little Cub」ステッカーを貼ってゆく。この作業は熟練担当者の素早い手作業で行なわれ、ガイド等も使わずに経験と勘で位置がぴたりと決まる。
すぐさま同様の作業で、チェーンケースにもタイヤとドライブチェーンのコーションラベルが貼付される。

24：完成車組立ライン終盤。シート装着が終わっているが、カブ系の特徴であるフロントカバーは取り付けられず、このままの状態で最後まで進行する。

25：同最終段階。この後、エンジンのチェック等の検査が待っている。

26：フレームボディそのものはスーパーカブと基本構成は同じであることがわかる。サイドカバーはまだ装着されず、最終工程で取り付けられる。

27：ほぼ最後の組み立て段階で点検用に300ccのガソリンを給油される。いよいよ完成間近の段階。

28：エンジンを始動し、検査工場へ。ミッションの作動具合や灯火器の点灯具合を確認。後輪を専用器具で左右からしっかりと固定し、安定させた状態で所定の検査を行なう。

29：白線に沿って直進した後、同様に前輪を左右から固定し、中央に移動してきた測定器でヘッドライトの光軸を調整。

30：完成車最終チェック工程。点検用ガソリンを抜き、工具等の同梱部品をセットし、出荷場へ送り出す。なお、フロントカバーはスーパーカブと同様にこの時点でも取り付けられず、養生された状態でシート後部に留められ、同時出荷されていた。

第3章

ユーザーの声

私だけのリトルカブ
原　えりこ

「コカブ」と私
中沢　恵子

夫婦でリトルカブ
高橋　和彦

娘の赤いリトルカブ
長田一日郎
長女・絵里加

箱根を越えたリトルカブ
新田　明夫

ベージュの3速
大川　和則

リトルカブで広がる夢
山田　真吾

私とリトルカブ
酒井由紀子

リトルカブ三昧
河澄　弘通

私だけのリトルカブ

原　えりこ

リトルカブまでの苦難の道のり

リトルカブには2018年１月から乗っていますが、乗る前の印象としてリトルカブはオートバイの仲間ではないと思っていました。理由は簡単で、それまでリトルカブの存在を知らなかったからです。それと交通法規（30km/ｈの速度制限や２段階右折等）関係もあり、乗るなら原付二種に乗りたいと思っていました。でも身長（154cm）のこともあり、両足がぴったり地面に着くバイクを探していました。

50ccクラスには、かわいいスクーターがたくさんあったのですが、125ccクラスではありませんでした。街で初めてクロスカブ110を見かけたときは、そのデザインに感激したのですが、後日試乗してみると17インチなので残念ながら足が着きませんでした。また煙や音のこともあって２ストローク車はあまり好きではありませんでした。

そんな中でタイヤが14インチのリトルカブを知りました。でもカブ系はスクーターと違ってシフトチェンジが必要です。果たして自分にうまくシフトチェンジができるのだろうか、それはかなりの心配ごとでしたね。でも、この点に関してはYouTubeを何度も何度も見てイメージトレーニングをしたんですよ。そのうちだんだんと「自分にも乗れる！」という自信が湧いてきたんです。この当時、リトルカブはまだ新車で販売されていました。でも、残念ながら自分の乗りたいジョリーレッドやプラズマイエロー色はすでにカタログ落ちしていました……。

自分にぴったりのバイクを見つけた！

そうこうしているうちに2017年の12月の暮れに耳よりなニュースが入ってきました。中古ですが、程度の良いリトルカブ、それもリトルカブ・55周年スペシャルのファイティングレッドがあるというのです。まさしく私のためのバイクではありませんか！　これはもう買うしかありません。買ったその日にはシフトチェンジの練習をするために30分ほど乗りました。また幸いなことにその赤いリトルカブにはグリップヒーターも付いていたんですよ。買ったのが冬だったので嬉しい装備でしたね。さらにもっと嬉しいことに排気量も88ccにボアアップされており、すでに原付二種登録されていましたので原付一種の速度制限等に縛られず良かったです。その後はリトルカブを通していろいろな方と知り合うことができ、カスタマイズも教えていただきながら楽しんでいます。

私だけのリトルカブ！

自分のお気に入りの赤いリトルカブだったので私はしばらくノーマルの外装のままで乗っていました。でもフェイスブックでカスタマイズされたスーパーカブ達を見て感化され、シールや模様を貼ったりするとよりかわいくコーディネイトできるということが分かったのです。

私はディズニーのかわいいキャラクター、中でもミッキーマウスとミニーちゃんが大好きです。ミッキーは赤いズボン、ミニーは白い水玉の赤いスカート、私のリトルカブはきれいなファイティングレッド！ 心がはやりました。

それでまず自分の大好きなミニーちゃん仕様にカスタマイズしたくなりました。ショップに塗装を頼むと高くなるので、知人に白い円形のシールを100枚ほど作ってもらい、ミニーちゃんのスカートのように赤い車体に貼りました。

リアのボックスは、九州の知人がホームセンターに売っている緑色のものを何と赤に塗り替えて贈ってくれたものです。いろんなものを入れられるので重宝していますよ。そのボックスの後部にはミニーちゃんのTシャツが掛けられるようにT型のパイプも取りつけました。街で乗るにはちょっと気恥ずかしかったのですが、ミニーちゃんのTシャツをはためかせて走っていたとき、それを見た子供たちが「かわいい！」と言ってくれたときは嬉しかったですね。ハンドルの左右にも黒いハンドルカバーを付けているんですよ。大きさや形からミニーちゃんの耳のイメージですね。もう少ししたらミニーちゃん仕様からガラッと趣を変えて、今度はマーブルチョコ仕様を試したいと思っています。

リトルカブでの夢

リトルカブの良いところとして、まず乗りやすさ、次に取り回しのよさ、そしてかわいらしいスタイリング、最後に故障しにくいという安心感から何歳に

ほぼ完成した私だけのリトルカブ・55周年スペシャル（ファイティングレッド、4速・セル付）

ミニーちゃんのイメージで貼った白い水玉のシール

なっても乗れるバイクということでしょうか。自分にとっては大げさですが、人生最後のバイク（もうすぐ還暦なので）になるかも知れません。

買ってから近くの茅ヶ崎を皮切りに利根川（埼玉県域）、宮ヶ瀬（神奈川県）などへ行っています。ただ、自分自身も車体も軽いので、風の強い日に乗るのは怖いですね。一度は新宿で、ビル風による突風にあおられて車と接触してしまい、転倒したことがあります。幸い大きなけがこそしませんでしたが本当に怖い思いをしたことがあるんです。その経験からスクリーンは短いものに替えて風圧を少なくしています。

リトルカブのオーナーは全国に３万人ほどいらっしゃるそうですが、ぜひ女性のオーナーとお友達になりたいですね。スーパーカブの女性オーナーの方はさらに多くいらっしゃるようですが、残念なことに関東近郊ではリトルカブの女性のオーナーの方と知り合う機会がありませんでした。

私のリトルカブはナビも付けていますので、これからはぜひリトルカブのお友達を見つけて、日本一周は無理にしても、あちこち一緒にツーリングしたいというのが私の夢ですね。

「コカブ」と私

中沢恵子

リトルカブに出合うまで

私は特にリトルカブが好きという訳ではなかったんです。大型二輪の免許を持っており、以前はVTR250、現在はCB400SFに乗っています。

私の住むところは坂の多い閑静な住宅街で、少し走ると田園風景が広がるところです。この辺りを乗るのに、ステップが無いスクーターでは、オートバイ経験のある私には不安定な感じがしたのでステップのある中古のリトルカブを購入しました。でも、特にこだわったわけではなく、たまたまリトルカブがかわいいバイクで、実際に乗ってみたら楽しかったからなんです。

私のリトルカブはシャスタホワイト、キャブ仕様で３速、50ccクラスの全くのノーマル車です。特にカスタマイズもしていませんが、リアキャリアに小さめのボックスだけ取り付けました。ヘルメットは入りませんが、バッグやポーチなどちょっとした小物が入れられてとても便利です。

喫茶店「コカブ」とその界隈

私が経営している喫茶店の名前が「コカブ」というのですが、実はこれ、私のリトルカブに「コカブ」と名前を付けたからなんです。お店の前にコカブを置ければいいのですが、それはちょっと無理なのでリトルカブのイラストを描いた看板を店の入り口のところに掲げています。

小物が入るボックスを取り付けた「コカブ」
（シャスタホワイト、3速・ノーマル）

リトルカブのいいところは、何と言っても足着きがいいことでしょうか。それに故障もしませんし、車体も小さいので女性でも扱うのがとても楽なんです。まったく自転車並みですよ。この辺りは入り組んだ坂がとても多いのでなおのこと便利ですね。

それと、乗っていてとにかく楽しいということでしょうか。法定速度の30km/hを物足りなく感じるというよりも、もう１台のCB400SFより気楽にゆっくり楽しく走れる、というところがいいです。

速いスピードで走ると景色って流れるだけですが、30km/hくらいで走ると、細い道や田畑の色、木々の香り、建物の形など、こんなにもすてきなところだったのかと思えるほどいろんなことがわかるんです。

何よりも自分の肌で爽やかな風を感じ、目で色を追い、香りで四季を楽しめるんですね。車体が小さいだけになおのこと自然の中や周りの街にとけこんで走れます。大きなバイクではなかなか味わえない感覚ですね。

リトルカブでツーリングもやってみたいのですが、お店があるのでなかなか機会が無いのが残念です。都内へは交通量の多い環七や246を使って行っているんですよ。でも、走っていて特に不便を感じたことはありませんね。

ただ、私のリトルカブは３速なので、坂道とか遠出のときに４速だといいの

30km/hのスピードで楽しめる愛用の「コカブ」と美しい田園風景

になと思うときは時々ありますが……。

スーパーカブへの思いとリトルカブへの思い

実はスーパーカブの方にも興味があるんです。こちらは純正の標準色にはこだわりませんので自分の好みの色に変えたりステッカーを貼ったりしたり、自分なりのスーパーカブに仕上げたいという希望があります。でもリトルカブはノーマルで、それもお気に入りのシャスタホワイトなのでしばらくはこのままですね、きっと。

リトルカブを愛する人達へのメッセージとして、特に女性の方には是非リトルカブに乗ってみていただきたいですね。そしてその軽さや取り回しのよさ、便利さ、それに五感で走ることの楽しさを実感してほしいと思います。

同じ14インチの小さいタイヤのクロスカブ50は、スタイリングやデザインが自分のカブのイメージとは少し違います。自分にとってスーパーカブというのは、お蕎麦屋さんなどの“働くバイク”のイメージが強いのですが、リトルカブの方は、かわいくて女性の街乗りによく似合うというイメージでしょうか。

自分とリトルカブ

2017年から乗り始めましたが、私には大きさも重さも、そしてスピード感もちょうどいいサイズなので特に気になるような点はありません。強いて言えばガス欠をちょくちょくするので、燃料タンクの容量がもう少し多くてもよかったのかなと。

リトルカブは長い時間乗っていてもお尻が痛くなりませんし、この辺りは坂が多いのでコーナーを攻める楽しみもある！ のですが、その秘訣は膝を閉じて乗る「女の子座り」なんですよ。男性の方も是非一度やってみてください。本当に長時間疲れませんし、安定感も抜群ですから。

今の私にとってリトルカブは、なくてはならない存在の本当にいいバイクですね。故障知らずなので、壊れない限りずっとこの白いコカブには乗り続けたいと思っています。

夫婦でリトルカブ　高橋和彦

ゴリラからリトルカブへ

オートバイは16歳の時に父親が乗っていたホンダ・ゴリラに乗ったのが最初です。それ以来、親子で乗ることと直すことを楽しんでいましたね。自分用は確か16歳か17歳の時に解体屋で手に入れたホンダXE50でした。18歳から今まで、スーパーカブ（以下カブ）にはずっと乗っています。カブは街中では本当に便利で乗りやすく、50ccから90ccまで複数台乗りましたが、やはり50ccは小さいだけにトルク不足の感じがしますね。

リトルカブには以前から関心がありましたので、中古で2005年式プコブルーのリトルカブラ仕様、セル付・4速の限定車を見つけて購入しました。見た感じがかわいかったのと、プコブルーだけでなくきれいな色がたくさんあったのも気に入ったところです。本当は黄緑色がほしかったのですが……。

ワンオフのリトルカブラ

実際使用してみると街中での動力性能は十分ですし、燃費もいいことが分かりました。それに無意識に両足が地面に着くんです。ですからご年配の方々にとっても、やはり両足がきちんと着くというのは非常にいい乗り物だと思います。タイヤが14インチと小さいので小回りもききます。また車体も小さいので駐車場での出し入れもとても楽です。色も明るく、見た目もかわいいので家内もリトルカブは大変気に入っています。

さて私のリトルカブラ仕様車ですが、実はこれ、リトルカブ用とは形状が異なるスーパーカブ用カブラキットのぼろぼろの経年品を改修して取り付けたものです。鈑金塗装の仕事もしていましたのでこの程度のことはいつでもやっており、何の苦にもなりませんでした。カブラ仕様は確かに便利で、合羽（カッパ）は入る、工具は入る、防寒着は入る……等とにかく何でも入ります。

私は大型二輪免許、家内は中型二輪免許を持っています。家内もリトルカブが気に入り、2012年頃に黄色いリトルカブを購入しましたが、状態がきれいでなかったので、例のごとく自分の腕を活かして自宅のガレージできれいにしました。このガレージはカブ達が風雨にさらされないように建てたもので、車は車庫の外なんですよ……。

運命のカフェカブ

実は私たちは何とカフェカブが縁で結婚したんです。2007年頃でしょうか、初めて会場で会って、何とはなく話が弾む中で共通の話題がやはりお互いが好きなカブだったのです。それからは仲間と一緒に片道300km位のツーリングにも出掛けたりしてカブのある生活を楽しんでいました。そうした中で結婚に至ったのです。本当にカブ様々ですね。２台のリトルカブの他にハンターカブCT110もそれぞれにあるので、キャンプツーリングのときはハンターカブ２台で、泊りのツーリングのときはリトルカブラ２台に荷物を入れてという形ですね。他にもカブを持っていますので、私たち２人は、カブのある生活を十分に堪能しているといったところでしょうか。

他に後付けのものとしては、カブラ専用の純正リアキャリアを探して取り付けました。クランクケースもメッキをしてリトルカブの雰囲気に合うように手を加えています。私の水色の方は色だけは調合してもらい、ペーパー掛け、次にプライマー、最後にサーフェーサーを掛けて上塗りというように塗装作業の基本どおりDIYで進めました。

街中で走っていると「これ、何というバイクですか？」とか「カブってこんなに小さかったっけ？」とかいろいろ声を掛けられます。カブがわからない人

美ヶ原高原のビーナスラインにて夫婦でポーズ。「300kmくらいのツーリングならリトルカブでも平気です」

やリトルカブを知らない人が多くなってきたようです。今は新車が販売されていませんし、台数も少なくなってきているようなので仕方がないですが、そういう意味では貴重な車ですのでずっと大切にしていきたいと思っています。

楽しい乗り物との関わり

リトルカブはただ便利なだけではありません。パワーもそれほどありませんが、新しくなったカブよりは自分の好きな形と色ですし、とにかく乗っていて楽しい乗りものですね。やはり自分の好きな乗りものでどこへでも行けるというのは幸せなことだと思います。これからはさらに積極的に夫婦でツーリングにも出掛けたいと考えています。

以前は年間15000kmほどを走っていましたが、最近は年間2000〜3000kmくらいです。今までを合計すると50000km以上走っています。この間にエンジンオイルやクラッチなどの消耗部品は適宜交換していますが、他は特に大きなトラブルはありません。リトルカブとの生活が始まるまではこのようなことはしていませんでした。不思議なことに、乗っているうちにいろいろ部品を交換したり修理したりしていく中で交換作業や修理も自分でできるようになりましたね。

緑薫るゴールデンウィーク中、長野県にて彼方を目指す。ちょっと一服

リトルカブはもう生産しておらず、中古で手に入れるなら同じものは二つとありません。今お乗りになっている方にはぜひ大切に乗って頂きたいですね。

娘の赤いリトルカブ

長田一日郎/長女・絵里加

カブとの関わり

我が家には私が幼少のころからスーパーカブ（以下カブ）C50がありました。もう50年以上も昔のことですが、毎日母がそのカブに乗って兄と私を幼稚園に送り迎えしてくれていました。ですからいつも身近にカブがあったという感じでした。

16歳で免許を取り、兄のスズキバンバン50を借りて乗っていましたが、当時はオフロードばかり走っていました。1982年頃、友達と二人でアメリカ旅行をしたのですが、UCLAのキャンパスに行ったときにたまたま水色のカブ（C70・輸出名パスポート）を見つけ、それを見てカブってかっこいいなぁと思いました。

それがカブ三昧のスタートだったのですね。帰国してもその印象が忘れられず、解体屋巡りをして錆びてぼろぼろのC105を3000円くらいで購入しました。ポイントを磨いただけでエンジンは息を吹き返したのですが、車体はぼろぼろでしたのでエンジン以外を全部分解し、全塗装をしてきれいに仕上げました。

フェリーで九州や北海道への旅行もしましたが、今も所有しています。カブは大好きなので全機種18台くらいは持っています。

リトルカブの存在と長女の飛躍

長女は年頃になった一時期、いろいろなことで結構悩んだことがありました。その時に原付の免許取得を勧め、一緒にカブでのツーリングを提案したのです。娘の免許取得後、親子で一緒に2台のカブでカフェカブなどに参加したりツーリングをしたりしていました。そうやって親子で風に当たり、周りの景色を楽しみながら走っているうちに娘も元気を取り戻しました。そのうちに今度はセル付・4速車に乗りたいと言い始め、ちょうどその頃に国内生産のリトルカブもそろそろ終了になるという情報もありましたので、それならばなおのことと思い、娘に内緒でリトルカブの真っ赤な55周年記念車を注文してしまいました。

リトルカブの良いところはやはり両足が楽に着くということですね。さらに、大きさが手の内にあるというか、本当に楽に止まれたりもしますからカブより

父娘でラーメンツーリング。チャーシュー麺のおいしい山梨のラーメン屋さんにて

手軽に乗れますよね。カブも確かに気軽には違いないのですが、リトルカブはさらに気軽な感じがします。それとスクーターと違ってギアがありますから、やはり運転していて自分で操る感覚が楽しめます。娘のリトルカブも含めてメンテナンスは全て自分でやっています。自分でほとんど何でもできるというのもカブ系ならではの魅力でしょうね。

リトルカブは歴代カブの中で国内生産のパイプバックボーンの最後の車種になりますので大切に乗りたいです。そのような意味からもリトルカブは60年のスーパーカブの歴史を支えた最後のカブだと思っています。

リトルカブのある生活〈長女・絵里加さん談〉

セル付・4速車に乗りたかったので父に話をしたりはしていましたが、ある日突然、新車の真っ赤なリトルカブが届いたのです！ 父のいつものサプライズプレゼントでした。ただ、原付一種では実際、走行上何かと不便が多すぎるので父や知り合いの女性ライダーの進言もあって小型自動二輪・ＡＴ免許を取りました。それに伴い合法的な方法で黄色ナンバーに登録変更しました。やはり街中を走行してみるとセル付・4速車は3速車と全然感じが違うのです。自然に交通の流れにのっていけるというのは本当にありがたいですね。

最近横浜で一人暮らしを始めたのですが、住んでいる所は坂が多く、またバスの便がよくない所なので、なおのことリトルカブのありがたさを感じています。後部にボックスを取り付けてあるのですが、車体が低いので買い物に行っても荷物が入れやすく、とても楽です。またこの車でアルバイトにも行っていましたし、以前と同様、父と栃木県の足利や佐野あたりまでツーリングにも出かけています。最近はスマホのナビを使って東京日野市あたりへも一人で出かけておいしいものを食べに行くようにもなりました。2018年には京都のカフェカブミーティングにも3人で参加しているんですよ。

リトルカブの良いところは、何と言っても取り回しが楽であること、デザインが可愛いということでしょうか。カブより小さい14インチのタイヤですから視線が低くて風景が違う感じがしますし、楽に両足が着くというのも本当にありがたいです。低いというだけで安心もしますしね。小回りもきくので、密集した商店街から野菜をいっぱい積み込んで家に運んでこられるのもうれしいです。自転車ではこうはいきません。スーパーカブは狭い所だと取り回しがちょっと大変ですし。

真っ赤で目立つのか、周りから時々声を掛けられたり視線を感じたりします。それと、走っていてお互いがリトルカブだと男女関わらず目でコンタクトを取るんですね！ あれは楽しいです。

リトルカブはどの風景にも溶け込む車ではないでしょうか。以前、駐車していたら写真を撮らせてくださいと言われたこともあります。因みに私の赤いリトルカブはシートを立体商標記念車の赤いシートに交換してあるので、本当に全身真っ赤という感じです。

今も普段の生活で使っているリトルカブですが、買い物やお出掛け等、便利なので是非女性の方に乗っていただきたいですね。相棒という感じで、私にはなぜだかリトルカブの方からどこかへ連れていってくれるという感じがするんですよ。

近くの河原の堤防にて。緑と赤い曼珠沙華に映える赤いリトルカブ（リトルカブ・55周年スペシャル）

箱根を越えたリトルカブ　新田明夫

リトルカブまでの車歴

私は16歳の時に原付免許を取り、先輩から譲り受けたヤマハRD50やホンダCB50に乗っていましたが、本当はカワサキW650に乗りたかったのです。その後自動二輪の免許を取得し、念願のW1スペシャルを入手して初めてW1に乗った時、その2気筒のすごい振動がたまらなく魅力的でした。しかし改造もしてあったためか調子が良くなく、しばらくして4気筒のCB500に。こちらは特徴的な4本マフラーを集合管に交換し、ハンドルもコンチネンタルにしたので当時流行っていたカフェレーサーのような感じでしたね。でも、ヘルメットをかぶるのが嫌だったので50ccのタクトに乗り換えました。あの頃50はヘルメット不要でしたからね。しかしまたW1に乗りたくなり、今度は72年型左チェンジのW1-SAに。この頃からはいろんなオートバイに乗りました。

ヤマハRD250、スズキジェンマ、カタナ750、カワサキ650R（W3）、ホンダCBX750、スーパーカブ90（以下カブ）等々。そしてリトルカブです。今は6車種所有しており、孫からは、おじいちゃん一人でどうしてこんなにたくさん持っているの？と聞かれる今日この頃ですが……。

天からの授かりもの！

バイク遍歴を重ねるなか、またどうしてもカブに乗りたくなり、丸目のカブ110（JA07）を入手していろいろ手を加えてしばらく乗っていました。走行には特に問題もなかったのですが、07のカブはウインカー等のハンドルのスイッチが昔馴染んでいたカブとは違うのです。どうしても昔のカブの方が使いやすいと思い始めました。その条件にぴったりと合ったのがリトルカブでしたが、残念ながらもう新車での販売は終了しています。そこで関東一円からお気に入りのリトルカブを探す作業を始めたものの、やはりなかなか見つかりません。ところが浜松にあるドリーム店で、何と新古車、それもパールコーラルリーフブルーの立体商標記念車が1台あることがわかりました。電話をするとすでに数人からの問い合わせがあるとのこと。信頼できるドリーム店、新車、記念

ワクワク・ドキドキ納車の日。リトルカブ人生の始まりです！

車。これほどの好条件はありません。もう現車確認もしないで電話で即購入してしまいました。居住地の片瀬江の島から浜松へ引き取りに行ったのですが、国道１号で三島を通り、箱根峠を越えて帰ってきたものの、やはり１号のような大きな国道では50ccに乗っていると非常に怖く、流れにのるのが大変であることを実感しました。そこで早々にCPUもセットされた88ccキットにボアアップをし、マフラーも対応したものに換装し、原付二種へ変更したのですが、30km/hや２段階右折の制限はありませんし、何よりも交通の流れに十分にのれます。普通に乗りやすくなり、走っていて本当に楽しいですね。

日常生活でのリトルカブ

デザインに関してはキュートの一言です。それに立体商標の青基調の記念車なので色合いもきれいです。ウインカースイッチの位置等、昔のカブのままの雰囲気がまたたまりませんね。タイヤが小さいだけに足着き性や取り回し、回頭性がよいのも美点です。不安がありません。以前乗っていたスクーターPCXとは別物の感じですね。シートの前が空いているので、ここに籠を取り付けてニーグリップができるようにしています。実用の燃費は55km/Lくらいでしょうか。

カブと比べてもリトルカブの方が乗りやすいと思います。この、ほどよい小ささはいろんなところで役に立ちますね。コンビニへ行っても狭いところへ駐車できますし、家のガレージの奥にあってもこの車はすぐ出せます。大きいと何かと大変ですよ。適度な車重があり、軽すぎないので台風のときの駐車でもひっくり返りませんでした。スクーターは簡単に転倒してしまいましたから。

60年前の先見性とリトルカブ

私のリトルカブは、88ccに対応したマフラー以外は全くのノーマルで何の改造もしていません。後付けといえば、リアキャリアにはボックスではなく段ボール箱をひもで括り付けています。だめそうになってきたら新しいものと交換しています。見栄えはそれなりですが普段はこれで十分ですね。

他のオートバイと比べて感心したり驚いたりすることがあります。まず、60年前の設計でよくこれができたなということです。よほど先見の明があったのでしょうね。

本当にすべてが今でも十分に通用しますから。またカブよりはホビー感覚で接することができるので、やろうと思えば何でもいじれるのもいいですね。4歳の孫がいるのですが、大きくなったら是非オリジナルの外装に戻して乗ってほしいなあ、と思うときがあります。ちなみに婿は私に感化されたのかクロスカブを購入してしまいました。

今後については、私は燃料噴射仕様のまま乗ろうと思っています。パーツの確保もこれから必要になってくるのでしょうかね。とにかくお気に入りの1台ですので転ばないように気を付けて大切にしたいと思っています。

カブ仲間と会うと感じるのですが、皆さんよくリトルカブのことは研究されています。知らないことは嬉しそうに教えて頂けるのでこちらも幸せです。先輩世代もまだまだ元気に乗っておられます。たいしてスピードが出ない分、ゆっくり安全に走れますし、何と言っても気持ちが優しくなりますね。また仕事で活躍している姿を見かけるとなぜか安心します。カブ系は自分と同い年なので親近感もあります。たまに同じ神奈川県内の宮ヶ瀬湖まで一人でツーリングに行くのですが、リトルカブ同士で目が合うとコンタクトしてくれます。これはカブとは違うところなんでしょうね、きっと。

遠く浜松まで買いに行ってよかったと思っています。何と言っても乗りやすい！ それにつきますね、リトルカブは。

山梨県都留市のうどん屋さんにて

ベージュの３速

大川和則

180ps から 3ps へ

私がリトルカブに乗り始めたきっかけは、知り合いの女性からベージュの15000km 走行のノーマル・３速車を譲り受けたことです。

私は東京の自動車整備専門学校を卒業した後、自動車関係の会社に就職しました。専門の四輪はもちろん二輪も好きでしたので、カワサキの 400ccZZR や 1200cc の ZX-12R を自分で改造して乗っていました。

１人暮らしを始めたので大型バイクは手放したのですが、その後すぐ、リトルカブに乗っていた知り合いの女性が北海道へ引っ越しすることになり、リトルカブを引き取ることになったです。初めは友人に転売するつもりでメンテナンス中心にいろいろいじり始めたのですが、だんだん愛着が湧いてきてしまい、そのまま自分で乗ることにしました。それまで乗っていた大型は 180ps、対してリトルカブはたったの３ps！ なんと１/60 ですが、30 代の頃ミニバイクレースにも出ていたので小さいバイクにも特に抵抗はありませんでした。

燃費もいいので近所を走ったり買い物をしたり、時にはツーリングへと良き相棒として欠かせない存在になっています。

貴重な純製カブラキットとカスタマイズ

リトルカブは何と言ってもそのスタイリングが可愛いですね。それに色もきれいです。私のベージュはもちろんですが、他の色も素敵だと思います。ただ、自分が 183cm と背が高いので、大男が小さなリトルカブに乗っているのを想像すると、まるでサーカスの熊が自転車に乗っているようで……。

スーパーカブ 90 にも乗ったことがあるのですが、90 は 50 に比べてあまりエンジンが回らないという印象があります。それに、やはりリトルカブの方は小回りが効くのでどこへ行っても楽ですね。

譲っていただいたときは全くのノーマルだったのですが、しばらくしてからオークションで入手したリトルカブ用の純正カブラキットを取り付けたり、部分的に塗装をしたりと少しずつ自分なりのカスタマイズも始めました。純正の

板橋区の友人宅近くにて。大川さんの身長は183cm、リトルカブのシート高70.5cm、リトルカブがさらに小さく可愛く見える

リトルカブ用カブラキットは、珍しいものだと思います。スーパーカブ用と違ってスマートな印象です。

エンジンに関しては中古のスーパーカブ70用を2万円で購入し、そのエンジンに換装して黄色ナンバーへ登録変更して今に至っています。エンジン単体をそのまま換装しただけで他は何もいじっていません。走行距離は約25000kmですが、70ccのエンジンに換装してからは、乗っていてさらに楽しい感じがします。

最初は純正カブラキット以外ほぼノーマルの外装でしたが、長く乗っている間に自分なりの工夫も加えてきました。70ccで原二登録し、タンデムも可能になったので、ピリオンステップの付いているカブ90用のスイングアームを入手、ベージュに再塗装した後に交換しました。また純正の荷台はバッグを装着してもバランスがよいようにステーを改造してあります。ノーマルのヘッドライトが暗く感じたのでHIDに変更したものの、やはり充電量が不足気味なのでレギュレーターを交換し全波整流化もしました。それでも充電量不足の不安があります。また、そのままでは昼間常時点灯の法令を満たせないため、ちょっと工夫をしてフロントキャリア部先端に常時点灯用として半球形のLEDライトを取り付けました。これで昼間・夜間の走行時の不安も解消です。

誰からも愛されるリトルカブ

リトルカブでのツーリングも結構楽しんでいます。この間は群馬県の温泉に行って来ましたが、70ccに換装してからはやはり50ccとは上り坂の走り方が全く違い、何の心配もなく走行できるのでストレスがありません。

他のオートバイとリトルカブの違いを感じることも多々ありますね。まず、リトルカブはそこに置いておくだけで絵になります。写真を撮るとよくわかります。それに不思議なことですが、周囲の目が何となくリトルカブに優しいということがあります。リトルカブならではの形の可愛らしさからでしょうか。それと、街中でもどこでも年配の方達によく声を掛けられます。「これはカブなのか？」とか「排気量は？」とか「昔は俺もスーパーカブに乗っていたんだけど、これは……」とか、見知らぬ人達から質問されたりするのです。もちろんその都度ちゃんと説明していますよ。

実は他に125ccのスクーター、シグナスも持っていて、通勤には主にそちらを使っています。でも、このリトルカブはこれからもずっと所有していたいですね。何しろ可愛いし便利ですから。

四万温泉にて。装備満載のリトルカブ

リトルカブを愛好する方々には、是非ともそれぞれお持ちのリトルカブをこれからも大事に可愛がってやってほしい、とお伝えしたいと思います。

2019カフェカブの帰り。青山1丁目を疾走するベージュの3速！

リトルカブで広がる夢

山田真吾

自転車での配達時代から見ていた郵政カブ

私は現役の郵便局員で、埼玉県川島町でいわゆる郵政カブ MD110 に乗って配達業務を担当しています。

24 歳で日本郵便に入社し、初めの３年間は都内の練馬郵便局で配達業務についておりました。当時は個人的にもオートバイには何の興味関心もなく、実際、その頃は自転車を使っての配達でした。当たり前ですが自転車の前と後ろに大量の郵便物や重い荷物を載せて配達するのは大変でした。が、周りの同僚をよくよく見ると、ほとんどの人達が MD90 で配達をしており、あれだったらいいなと思い始めたわけです。

MD 使いになるために！

そこでどうしたかというと、MD50 に乗るためにまず原付一種の免許を取り、その練習用にとリトルカブを新車で購入しました。当時発売されたばかりのスーパーカブ誕生 55 周年記念限定車で、色は赤と黒のうち迷わず異彩を放つブラック（赤リム）にしました。自分にとっては初めてのオートバイでしたが、その小ささがとても気に入ってしまいました。購入してから６年、今までの走行距離は約 15000km です。

同じ14インチ、赤のMDの乗車前、黒のリトルカブで通勤途中の田んぼ道にて（比企郡川島町）

この真っ黒い限定車のリトルカブに乗るようになってから、街中で走っているとちょくちょく声を掛けられるようになりました。「これ、カブだよね？」とか「どこで売っているの？」とか。何とあちこちのツーリング先でも声を掛けられましたね。

購入以来時々行なっているツーリングですが、長いところでは初めてのツーリングにも関わらず、川島町の自宅と実家のある京都の舞鶴を片道４日かけて行ったことがあります。もちろん原付一種のリトルカブですから自動車道やバイパスは走れません。この時は東海道の１号線を使わず、19号中山道を使いました。特に改造もしませんでしたが、荷台には今や郵政カブMDの標準装備品ともいえるMRD製のボックス（郵政仕様でなく、開口部が少し異なる一般用）とフロントキャリアを取り付け、荷物を満載してツーリングに臨みました。ツーリングといっても初めてでしたので、今思うと野宿に近いものでしたが、いい思い出になっています。この帰省に、かかった費用は往復２万円でした。これもカブならではですね。

リトルカブの美点とMD

リトルカブの印象として、利点はサイズがミニマムであること、色、それもきれいな色が多いこと、そして乗りやすいということでしょうか。いつも業務で乗っているMD110と比べても、リトルカブはホイールベースが異なり、短いので狭路での取り回しが楽ですね。

なお、配達業務中、MD110では１日平均約80km走ります。当然リアタイヤの消耗は一般車以上で、大体6000kmで交換していますね。チェーンも同様ですので約8000kmで交換しています。人によって乗り方も違いますので一概に言えませんが、大体このような感じです。

購入以来リトルカブは、ほぼノーマルで乗ってきましたが、少し自分なりのカスタマイズもしています。最初にリアサスを交換しました。これは乗り心地の改善のためです。荷重をかけるので東京堂のサスに換装し、少し固めになっています。それ以外は今のところエンジンも含め、大きな変更点はありません。

楽しみなツーリング

このリトルカブはたまに通勤にも使用しています。自宅から職場まで片道25kmほどです。ツーリングの他に狭路や山道もこれで走ったりもしています。とにかく扱いやすいですね。

一時期、他のオートバイにも心を動かされたことがあったのですが、何しろリトルカブは自分にとって初めてのオートバイ。手放すのも惜しいのでずっと乗り続けたいと思っています。実はもう１台、PCXも所有しています。こちらは確かに全てにおいて楽なのですが、残念ながら“走る楽しみ”はありません。

リトルカブも生産が終了してしまいましたが、かわいくて便利な車ですので、この車を所有している方には是非、末永く乗ってほしいと思っています。購入当時、走っているとリトルカブを結構見かけたものですが、近頃は見かける機会や遇う機会も少なくなりましたのでちょっと寂しいですね。

長いツーリングは今までのところ舞鶴までしかありませんので、機会を作って石川県にも行ってみたいと思っています。京都で行なわれたカフェカブに参加したことがありますが、青山のホンダ本社で行なわれる関東のカフェカブとはちょっと感じが違いました。東京はきびきびした感じですが、京都はその地域柄か、何となくほんわかした温かい身内のような印象を受けました。自分の実家が京都だからかも知れません。

ロングツーリングの出立。荷物を満載しても元気に走るリトルカブ

ロングツーリング途中。こんなに遠方まで！（国道8号線・滋賀と福井の県境）

富士山をバックに佇むリトルカブ。御前崎への途中にて（国道138号付近）

私とリトルカブ　　酒井由紀子

一目惚れ

私は2002年3月に新車で購入したバイスブルー/デニムブルー、セル付・4速のリトルカブに18年間ずっと乗り続けています。以前はDioに乗っていたのですが、当時の仕事の同僚からリトルカブ・スペシャルというバイクが発売されたという話がありました。カタログをいただいたところその可愛さに一目惚れし、即注文してしまいました。

初めは49ccのまま乗っていたのですが、二段階右折をしなくてもいいように中型免許を取得し、購入後2、3年で何かと余裕のある80ccにボアアップをして原付二種に登録を変更しました。ところが私のエンジンオイル管理不足によりトラブルが生じ、今度は85ccに再びボアアップ。ところがまたまたトラブルが発生し、何とツーリング途中に焼き付いてしまったのです。そこでまたお店に修理をお願いしたのですが、三度目は88ccにボアアップ。またキャブもそれに対応するよう手を加えてもらいました。ただ、この修理期間中は仕上がり具合がすごく心配でぐっすりと眠れず、睡眠不足になってしまいました。

88ccにしてからは加速がぐんとよくなり、実に快適で、周囲の流れを乱さないで走ることができるようになりました。私の愛車はセル付きの4速なので、なおのこと走行が楽です。手を加えてから今まで約500km走行しましたが、累計は32600km、絶好調です。

リトルカブで学んだ愛車のＤＩＹ

外装は特に目立ったことはしていませんが、サイドキャリアは特注品です。また取り付けているサイドバッグは、リトルカブの色に合うように自作しました。そして長年乗っていたらサイドキャリアの錆も目立ち始めたので自分で塗り直しもしてみました。さすがに色だけは塗料屋さんで調合してもらったのですが、手順通りヤスリ掛けをして下地処理をした後に刷毛で塗りました！ 初めてだったので一連の作業は大変でしたが、何と言っても刷毛塗りが難しかったです。刷毛の跡を残さないように塗るというのはけっこう技術が必要でしたが、何とか完了できて嬉しかったですね。

リトルカブとスーパーカブ

リトルカブのデザインは可愛くてとてもいいと思っています。それに、何と言ってもそのきれいな色にも一目惚れでしたので……。私の身長は158cmですので、リトルカブの14インチというのはとてもありがたいです。何の不安もなく両足が地面にピタッと着く安心感はリトルカブならではのものですね。安心感があると車との一体感も生まれます。また形も機能も優れたフロントカバーはカブらしさを保つには無くてはならないものだと思います。タイヤが小さくなっただけでもとてもかわいい感じがしますよね。私の中では、地味な感じの色あいや頑丈そうな形のスーパーカブは男性用、色が鮮やかで形も可愛いリトルカブは女性用のオートバイと勝手に位置付けていますが……。

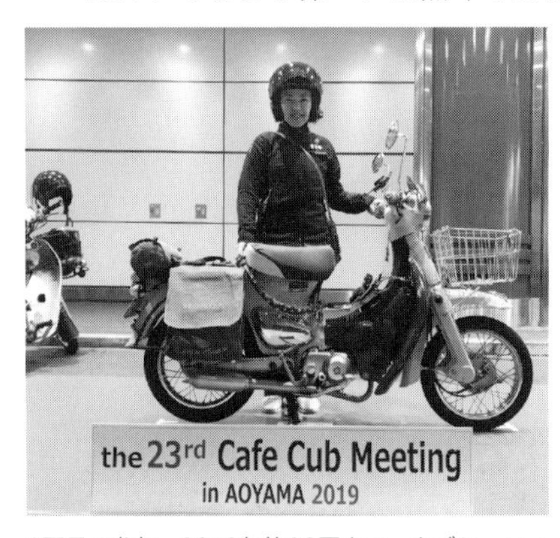

6回目の参加、2019年第23回カフェカブミーティング青山。初めてのレッドカーペットの記念にリトルカブとのツーショット

神奈川県の宮ヶ瀬湖では2か月に1度、カブ乗りの集まりがあるのですが、そこで知り合った方に勧められてシートだけクロスカブ用のものに交換しました。見た目はほとんど一緒なのですが、長く走ったときなど実に快適ですよ。ついでにシートカバーも自作しました。

ずっとお友だちで

リトルカブにはこれからもずっと乗り続けます。私は他のバイクには一切興味関心がありません。第一、スポーツとかオフロードとかの種類も分からないくらいですから。

乗る時間が短いとエンジンにはよくないというので、意識してリトルカブはツーリング用に使っています。実は普段の用事にはジョルノを使っているんですよ。ツーリングに行くときはひと通りのものを用意していきますが、雨が心配なので雨具だけはいつもリアバッグに積んでいます。住んでいるところは船橋なのですが、これからもいろんなところへ出かけて行きたいと思っています。

リトルカブに乗っていて困ったこととしては、やはり風に煽られるということが怖いですね。大型の車が来た時も同様です。一度、東京ゲートブリッジを渡ったことがあったのですが、湾からの風が強く、またトラックなどもスピードが速かったので真っすぐ走るのが大変でした。本当に怖かったです。そんなわけでそれ以降は357号線を使うようにしています。

街中を走っていてもツーリングに行っても、最近はリトルカブを見かけることが少なくなってきました。ちょっと寂しい感じがしますね。そんなこともあって走っているとついついリトルカブやスーパーカブには目がいってしまいます。最近話題になったC125はさすがに自分には大きいですしね。ですので、是非ともリトルカブを復活させてほしいですね。本当にそう思っています。

何年か前まではちょくちょく見かけたリトルカブもだんだんと貴重になりつつありますので、リトルカブを愛好していらっしゃる方には、是非ともずっと乗り続けていただきたいと思います。

京急線天空橋駅近く、空色に映える羽田大鳥居と空色のリトルカブ。新年の走り始め

リトルカブ三昧

河澄弘通

私のオートバイ歴

私がオートバイに乗ることになったきっかけは中学生の頃でしたか、こっそりと裏の広い空き地でスーパーカブに乗ったのが最初でしょうか。もちろんその後はきちんと免許を取って乗るようになりましたが、当時は2ストローク車も好きでしたのでまず当時の若者が好んだスズキ GT350 を購入したのです。ですが、すぐに3気筒の GT380 が出たのでそちらに乗り継ぎ、その後は左チェンジのカワサキ W1S にも乗っていました。オフロード車にも関心があったのでヤマハ TY250 にも乗って山道走行を楽しんでおりました。

若い頃は仲間とトライアル競技にも熱が入り、何度か地方大会に出場したこともあります。初年度はそこそこの成績を残し、翌年はノービスからジュニアに昇格しました。ただ、生まれて初めてこっそり乗ったスーパーカブは、乗らず嫌いというか当時は全く関心がありませんでしたね。

ひょんなことから我が家へ

スーパーカブ誕生 50 周年記念車であるこのリトルカブとの関わりは、以前に勤めていた会社で、乗っていたリトルカブが盗難にあった同僚がいました。仕方がないのでその人は再び同じリトルカブを購入したのですが、何としばらくしたら警察から連絡があり、盗難にあったリトルカブが見つかって戻ってきたというのです。でも同じ車は2台もいらないということで私にそのリトルカブを譲ってくれたのです。この時すでに 50000km ほどの走行でした。

2018年の十国峠カブミーティングにて。
こんなに高いところも登る元気な相棒

しかし譲っては頂いたものの、盗難後に長く放置されていたのか全く動きません。自分自身は修理もできますので早速修理に取り掛かり、各部品を清掃し、分解したり交換したりして何とか完了しました。試しにエンジンをかけて乗ってみると走行感覚がスクーターではないのです！ カブ系はフルに３速の各ギヤを使って走らないといけません。無段変速のスクーターと違い、変速が面白いのです。走っていて楽しいのです。もう長いことカブ系には乗ってなかったので、多分スクーターと同様に見ていたのでしょうね。

こうして何十年振りかで変速の面白さや楽しみのあるカブ系のオートバイ、リトルカブに乗ることになりました。

自分だけのリトルカブに

我が家に来てからしばらくは修理したままの状態で乗っていましたが、2、３か月後に88ccにしました。というより、ちょうどこの頃に知人が1980年型のスーパーカブを譲ってくれたのです。そこで調子のよさそうなそのエンジンを自分のリトルカブに換装し、ボアアップしたというわけです。おかげでスーパーカブも１台増えることになりましたが……。やはり49ccを88ccに換えると走行性能が劇的に変化します。加速力も十分にありますし周りの交通の流れについていけるスピードが出ます。このときにマフラーも交換しています。特に維持するのに気を付けていることは、やはりエンジンオイルの交換でしょうね。オイルはこまめに2000kmごとに変えるようにしています。

外装もいろいろ自分の好みにあわせて交換したりしています。まずフロントカバーは、冬が純正品（C100色に塗装）、春から秋にかけては純正オプションで販売されていたカブラ用（ボディ同色）を装着しています。同時にカブラシートに交換して軽快感のある乗り心地を実現しました。ヘッドランプはLEDに、左右のバックミラーは昔のC100のものに、グリップは茶色のものに交換しましたし、スクリーンを取り付けることもあります。サイドカバーのノブはC100のリプロ品、リアサスも通勤が楽しくなるように社外品に、純正のチェーンケースはメッキのハーフタイプに交換。リア周りはC100

静岡市・用宗（もちむね）海岸にて。バックに見えるのは石部海上橋。ご覧のとおりC100仕様！

の雰囲気が出るようにテールランプは小型の長方形型に。リアウインカーはC100型のリプロ品を加工して取り付けていますので、パッと見るとC100ですね。でもこれらは全ていつでもノーマルに戻せるようにしてあるんですよ。

通勤にもツーリングにも

今、片道35kmの通勤にも使っていますが、全開でも燃費は50km/Lをまず割りません。普通の状態ではもっと走ります。ちなみに今の会社でバイク通勤者6人のうち4人がカブ系です。タイプもそれぞれ、使い方もそれぞれですが、全員、通勤には重宝しています。私はスーパーカブもリトルカブも気に入っていますが、やはりスーパーカブは何となくたくましくて商業用のイメージがあり、対してリトルカブは姉妹車のクロスカブも含め、遊び心があるので個人用のイメージがありますね。予備としてスーパーカブの車体を2台分、エンジンを3基ストックしていますが、やはり何かの時には安心です。

私のリトルカブの走行距離は80000kmを超えました。この間、たまに仲間とツーリングを楽しんだりしています。帰りに立ち寄っただけですが山梨県早川町の見神の滝は印象的でした。イベントの参加は全て自走で、箱根十国峠のカブミーティングをはじめ静岡近辺のカブミーティングには年間を通して参加しており、カフェカブミーティングも関西、青山の両方とも参加しています。カブ系はニーグリップができないとよく言われることがありますが、私は全く気になりません。

山梨県早川町・見神（けんしん）の滝の前にて。カブ仲間とともに

今のところ特に不具合もなく、調子も上々ですのでこれからも今まで同様に仲間とツーリングに出かけたり、各地のイベントに参加したりしたいと考えています。最後まで国内生産されてきたリトルカブも残念ながら生産終了しましたが、まだたったの21年目、これからも楽しい相棒です。皆さんまたどこかのイベントでお会いしましょう！

第4章

ホンダの人々から

本田技研工業株式会社
広報部
高山　正之

二輪事業本部
高田　康弘

ホンダのオートバイとともに

広報部　高山正之

私は、本田技研工業株式会社の広報部に在籍しております。大好きな二輪はもちろんのこと、モータースポーツ等も含め25年ほど広報活動に関わってまいりました。ホンダでの活動内容も含め、スーパーカブシリーズとの関わりをお伝えしたいと思います。

50数年前、私が10歳の頃、郷里山形の片田舎の庄屋にスーパーカブ（以下カブ）があり、それをちょっとだけ運転させてもらったことがあります。田舎の畑道だったのですがアクセル操作がうまくできず、飛び出して苺畑に突っ込んでしまい、とても怖かった思い出があります。これがスーパーカブとの初めての出逢いでした。

中学２年生頃からは好きになったオートバイのカタログを本格的に集め始めました。メーカーにハガキを出して何日かすると立派な袋に入ったカタログが届くのです。それがうれしかったですね。何度も何度も眺めているうちに主要諸元の数値は全車暗記してしまいました。高１になって兄のハスラー90を借りて練習し、その年の12月に免許を取りました。（注:1972年３月末まで自動二輪免許は125cc車による試験場での実技審査のみ）しばらくはお下がりのハスラー90に乗っていました。そのうちに兄が当時人気絶頂だったCB750Fourを新車で買ったのです。前後にバンパーが付いた実に大きなオートバイで、乗せてもらった時は感激しましたよ。スポーツ車が大好きだったので、その頃はカブとは無縁でしたね。

高校二年の頃、兄が買った新車のCB750 Fourに跨って

末っ子でしたので父の勧めもあり、高校を卒業したら東京で働くことにしていました。オートバイの仕事がしてみたいとの思いで本

田技研工業㈱を受験しました。何やかんやで合格通知が届いたのは２月末でした。上京のため、夜行列車で上野に着いたのが昨日のことのようです。

1974年の春、本田技研の狭山製作所に配属となったのですが、最初の仕事は好きなオートバイではなく四輪のライフ360、それも体格が小振りだったので組み立て工場でのペダル部分の取付けがホンダでのスタートでした。その後、製作所で身を立てようと整備士の資格を取り、当時注目を浴びていた公害防止管理者の資格に挑戦したのですが、１年目は不合格。そうこうするうちに、22歳の時、埼玉県主催の作文コンクールでオートバイの体験談を書いたところ佳作に選ばれ、それが縁で当時は原宿にあった本社のモーターレクリエーション推進本部へ突如異動となります。理由は、一人欠員が出て、代わりにバイクの好きな若手を求めていたためでした。

本社勤務になってから、それまで中学からせっせと集めていたカタログ収集をスパッとやめてしまいました。なぜなら本社の販売促進部のキャビネットにはありとあらゆるカタログが山のようにあったからです。

1985年には本社が東京港区の青山ビルに移転し、私は翌1986年にショールームに新車を並べてあるHondaウエルカムプラザ青山の企画担当になりました。そこでは、今となっては当たり前のようになっている日本初のパブリックビューイング（当時は衛星生中継と言っていました）の企画をまかされ、初めて鈴鹿８耐の衛星生中継の企画から運営を担当しました。何しろ全て初めてのことだったので準備や進行は本当に大変でしたね。中国のシルクロードにも３回遠征しました。チームを組んで名前どおりのホンダ・シルクロード（250cc）に乗って走破したことも忘れられない思い出です。

本田宗一郎最高顧問との思い出

移転当初からウエルカムプラザ青山にはいろいろなホンダ製品が展示されていましたが、ときどきふらりと創業者の本田宗一郎最高顧問もお見えになり、そのご案内の担当もしました。その頃はＦ１のコンストラクターチャンピオンとなったウイリアムズ・ホンダも展示されており、毎日大勢の来館者でにぎわっていました。本田さんは「お客様はF1に乗って喜んでいるだろう？」と、私に問いかけましたが、上手く答えられませんでした。その時は、展示しているＦ１には触ることさえできなかったからです。本田さんの話をモータースポーツ部門に打ち明けたところ、すぐに「チャンピオン獲得記念、Ｆ１コックピット乗車体験」が決まり、私がお客様を誘導する担当になりましたが、お客様を大切にする本田さんの一面を垣間見ることができました。また、本田さんは実に突飛な発想をされる方でした。当時、来館のお客様への販売用としてＦ１の優勝を記念したテレホンカードがありました。このテレホンカードを本田さんにプレゼントしたのですが、「これを公衆電話に入れるとＦ１レースの音が聞こえるのか？」と質問されたときには困りましたね（笑）。

ホンダとして初めてシート下にヘルメットを格納できるスクーターのタクトフルマーク（通称：メットインタクト50）を展示したときも、隣に展示してあるCB750を見て、「750は50の15倍。ＣＢはヘルメットが５つくらいは入るのか？」などと質問されるのです。このときも参りましたが、本田さんならではの超一流のジョークでしたね。こんないい思い出のある本社１階のウエルカムプラザ青山には８年在籍しました。

広報部時代

1994年に広報部に異動となり、以来今日まで主に二輪の広報を担当してまいりました。この間に二人の社長、５代目の吉野浩行社長と６代目の福井威夫社長が、それぞれに新しいスーパーカブの開発に並々ならぬ思いがあったと聞きました。自分の代のときにカブを超える新しいカブを世に出そうと考えていたのでしょう。この頃に需要創造グループから新しいカブ、後のリトルカブの検討と開発が始まっていたようです。

リトルカブは1997年に発売されていますが、ちょうどこの年の11月３日、晴天の文化の日にカフェカブパーティー（現在はミーティング）の第１回が開催されています。私は第１回から関わることになるのですが、今と違ってネットも無く、告知は専門誌のみでした。集まったのは30台くらいだったと思います。バイク文化をみんなでともに語り合おうという趣旨で始まったものですが、文化に合わせて文化の日に開催したものです。また、なぜスーパーカブだったのかと言えば、何しろカブは台数が圧倒的で歴史も長く、ユーザーもいろいろな方がいらしたからです。

皆さんの熱意と協力によって今も毎年続いておりますが、実はリーマンショックの後、ホンダではF１撤退も含め、全てのイベントを見直すことになりました。もちろんカフェカブも例外ではありません。ところがイベントというのは一度止めてしまうと次を開催するのが大変なんです。いろいろ考えて協議し、私達はカフェカブミーティングを続行することに決めました。2019年で23回も続けることができ、関係者からはマンネリ化しているのではないかとの声も聞かれたのですが、マンネリもまた一つの文化だと思っています。

オートバイ文化を語り合う
カフェカブ・パーティ・イン青山
32台の個性豊かなカブが集結

ホンダウエルカムプラザ青山前には関東各地から32台の個性溢れるスーパーカブが集まった。新しいファッションのアイテムとしてもその人気は高い

第1回カフェカブパーティー開催を報じる当時の記事（二輪車新聞）

カフェカブミーティング青山は、あまりにも参加者が多くなってきたので数年前からは２日体制に変更しています。年々自分なりにカスタマイズしたカブも増えてきましたね。当日は地下の大駐車場も開放していますが、当初はカブがこんなに集まるなんて思ってもみなかったですよ。

小さな工夫ですが、カフェカブミーティング青山の入場時には、レッドカーペットを敷いてお迎えしています。最初は汚れが目立ちにくいグレーでしたが、レッドカーペットにすると、ひとり一人が主役になれますから。

カブ系のモデルは今も全国津々浦々老若男女に愛されている車ですし、性能、デザイン、乗りやすさ、親しみやすさ、信頼性、そして長きにわたって生産され続けていることはスーパーカブの揺るぎない大きな特長です。また今も昔もホンダという企業を支えている原動力でもあります。

広報担当から見たカブ系モデル

個人的にそのデザインが大好きなリトルカブは、すでに生産が終了していますが、スタイリングは20年間ほとんど変わりませんでした。それだけ土台になったスーパーカブの基本も優れていたということでしょうが、新規開発のような部分も多くてリトルカブの担当者は大変だったと思います。一見派生車種のように見えるリトルカブですが、実はC100の血を受け継ぐ歴代の直系だと私は思っています。その一方で、すでにリトルカブという新しいジャンルも確立されているようにも思えます。同じ14インチのクロスカブは、着座視点も同様に低いし扱いやすいのでリトルカブの後継車と言えるかも知れません。

「マスコミ対抗　スーパーカブ燃費チャレンジ」にて。スーパーカブに乗り、先頭を走行するのが筆者。道案内を兼ねて先導中

本社勤務は異動が多いのですが、なぜか私は広報一筋です。初代スーパーカブC100の開発に関わった方々も多くは鬼籍に入られました。広報に移ったころホンダでレストアした初代C100の記事の件で、デザイナーの木村譲三郎さんに自宅まで呼びつけられ、シートに配していた赤の色調が当時と違うということで本当にこっぴどく怒られたことがあります。それだけカブの開発者たちは、自分たちの作り出したスーパーカブに全身全霊を傾けて取り組んでいたということでしょうね。

私の使命

私はスーパーカブ系に関わった方々の想いや心意気、それに乗り物としてのスーパーカブ系のすばらしさをその方達に代わって、次代にお伝えしていくのが自分の使命だと思うようになりました。もちろんそれは今後も続けていきたいと考えております。

私とオートバイ

二輪事業本部　髙田康弘

私は令和元年10月１日より本田技研工業の二輪事業本部ものづくりセンターものづくり企画・開発部の購買・原価改革課に在籍しております。今までは本題のリトルカブをはじめ、直接オートバイの研究開発に携わってきました。

1981年に朝霞研究所（現 ものづくりセンター）に入社、スーパーカブ開発完成車設計チームへ配属となり、その後リトルカブをはじめ世界各国用のスーパーカブの開発に携わりました。また、カブ系以外の海外生産機種の開発にも携わっています。

私の家は父も２人の兄もオートバイが好きでしたので、私も自然と車やオートバイが好きになりましたね。でも、小中学生の頃は当然ですが免許はありません。それで各メーカーにカタログを請求しては届いたものを開いて楽しんでいました。次兄は当時、ハスラー90に乗っていましたので、クラッチの練習をするのに時々は借りて田んぼのあぜ道で練習していましたが、父に見つかり叱られたこともあります。そのうち長兄がヤマハのGT50を中古で買いましたので、それにも時々乗せてもらって練習していました。16歳になったのでオートバイ免許を取りに行ったのですが、私の頃はもう３段階に分かれており、私は中型免許を取得しました。その後アルバイトをして資金を貯め、中古のホンダCB250セニアを８万円で買いました。２気筒以上がほしかったのです。そのCBのタペット調整をしたり部品を分解したりして、いじりながら、また兄が買ってくる雑誌を読んでオートバイというものを学んでいたんだと思います。

２歳上の兄と叔父さんのカブに乗って
（ハンドルを握るのが筆者）

私は小さいころからものを作るのが好きで、小学4年の時にCMを見て自動車会社に入る決心をしていましたし、購読していた「ラジオの製作」という雑誌を読んでは何かを作っていました。中学１年生のときにグランドピアノ型の電子ピアノを自作したことがあるんです。いい音が出てうれしかったですね。それは今もありますよ。自動車会社に入る夢をかなえるために自然と工業高校へ進学したのですが、実はこの頃レースをやっていた兄の手伝いでサーキットにも行ったことを覚えています。

朝霞研究所へ

オートバイが好きなこととホンダは実力主義と聞いていたので受験し、一次で合格しました。面接の時に自分が作ったラジコンの模型のことを語ったらOKだった感じでした。入社後、すぐに研究所実習が始まり朝霞研究所に配属になりました。実習中は振動騒音グループに所属し、当時開発中だったCBX400Fの独得なX型のエキパイにも携わったことがありますが、４本のうちのどの管でX型にするかあれやこれや試して面白かったですよ。

入社したころはスーパーカブ（以下カブ）には全く興味も関心も無かったです。私は埼玉県出身ですが実家から朝霞研究所まで遠かったので寮に入り、高校の時に買ったCB250は寮まで持って来て休日は乗り回していました。

その後、工場実習も経て正式に完成車設計の方へ配属になりましたが、当時33名の技術者がおり、いろいろな部門へ配属されて働いていました。今はもうありませんが、当時の朝霞研究所内には遊園地であった朝霞テック時代のバンガローがあり、何とそこがそれぞれの研究室になっていました。同じ白の作業服でも確か役員職はファスナー、一般職はボタンだった記憶がありますね。

あの頃、カブのバリエーション展開で角目の角型カブが誕生したのですが、デザインそのものは80年代初めの自動車のデザインに直線が流行っていましたでしょう、だからその感覚で取り入れたものです。全身真っ赤の赤カブも同じ発想で製品化されました。

私たちは角目の角形カブをⅡ型と呼んでいましたが、このカブで燃費性能を上げることになりました。燃費はエンジンだけ改良してもだめなんですね。それぞれの部品の非常に細かい処理や空力も関係してくるのです。それで燃費向上に特化したカスタムは、空力を考えてメーターの周りにポリカーボネイト製のメーターバイザーを装着したり、角型のバックミラーを砲弾型にしましたが、ひとつひとつの形状にしても細心の注意を払って決めたりしたものなんです。メーターバイザーなどは取り付けの容易さも考慮しなくてはなりませんでした。開発日程を守るために、入社間もない私も一斉定時退社日の水曜日でも残業して図面を描いたことを今でも覚えています。

みんな同じように見えるカブのシートですが、実は角型カブはSDXの名前のとおりスーパーデラックスなので、今までのシートと差別化するためにワディング（詰め物）を追加したのですが５mmほど厚くなってしまうのです。そこでその数mmを下げるために、カスタムはシートクッション材に高密度ウレタンを使用し、厚みを薄くしてシート高を下げ、カブの基準値の735mmにしています。たった５mm程なのですが、人間の足はそれを感じ取るんです。

正直、入社したころは「ああ、カブチームか」などと思っていたのですが、当時のカブの完成車設計は、私を含め４人という少人数で全世界中のカブを開発していました。

当時はCADも無く、大図面にレイアウトからすべてが手描きなので何か始めるときは「描く前によく考えろ」がモットーでした。また小さい所帯なので小さなボルトのサイズや長さなども自分一人で決めなければならなかったのでやりがいがありました。人数が少ないので、設計者は三面図以外に何と試作車組み立て用のパーツリストの図（画）も自分たちで描いていましたから立体図も上手になり、１点１点の部品番号も覚えるようになり、１台分の部品番号を記憶するようになりました。信じられないでしょう？ 私たちはパーツリスト用の図をマンガと呼んでいましたね。

世界のカブ系モデルを担当

角型のカブの開発がひと段落した後、世界中のカブを担当することになり、ASEAN地区のカブにも取り組みました。

ASEAN地区では現行車の改良と、同時にイメージチェンジを図るために名称も変更したりしたのですが販売台数は芳しくありませんでした。1980年代当時、タイはホンダのアジア拠点の中でも販売が最低だったのですが、ドリーム100（いわゆるタイカブ、後に日本に正規輸入されたカブ100EX）がタイで爆発的なヒットとなり、タイでの販売増進に貢献したのです。開発の中心者の竹中さんは現地に長期滞在し、ノバの大ヒットでタイでの販売増進に貢献したのです。その後、マレーシアにも私が開発責任者を務めたC100EX５（因みに100EX５のEXは英語のExecutiveから、５はFive Star＝５星から採っています。）として導入し、大ヒットになりました。他にノバ、ナイス、ウエーブ等にも関わっています。

ドリーム100には販売増進の他にもう一つ使命がありました。それは、この車を特に品質にシビアな先進国日本でカブ100EXとして販売することにより、品質水準を高め、生産に関わるタイの人々、ひいては同国工業製品全般の品質向上に自信を持たせるという使命でした。この点でドリーム100はホンダのみならず、十分にタイの人々に貢献したと思っています。

この頃カブはまだ鈴鹿で生産されており、全国にたくさんのユーザーもいらしたのですが、現行のカブから何とかして新しいカブを作りたいという気持ちも多々ありました。ちょうどその頃、需創グループから小型のカブ（後のリトルカブ）の企画提案があったのです。若者向けにファッショナブルなカブを！これは面白いと思いましたね。

しばらくしてこの開発がスタートします。開発時は完成車設計に属し、吸排気冷却・艤装外装・完成車の３グループで取り組みましたが、ことは簡単には進みませんでした。例えばエンジン性能もエンジン単体の改良だけではだめなのです。関連するものすべてが関わってくるのです。それに、新しいカブというのは乗り換える方が多いので、何かにつけ今までのものと比較されるので

2008年に催された第5回カフェカブパーティin京都。会場で講演する筆者（左）

す。私たちのリトルカブへの技術的な関わりは各章にまとめてありますので割愛しますが、その後もカブ系の開発に取り組みました。

リトルカブの開発もいよいよ大詰めになり、そのプロトタイプができたときは、確かに今までのカブとはちょっと違うという気持ちもありましたが、同時にいいものができた！ という気持ちもありました。リトルカブと並行して110も併売されていますが、排ガス規制の関係もあって90ccはだめでしたが、125ccクラスのことはすでに考えていたのですよ。

カブの生産が熊本製作所に移管してしばらくたった頃、熊本製作所からスクーターとカブを同じラインに流せないかという要望がありました。それで、カブの車体を初代からのモノコック形式からパイプだけで車体を構成するパイプ形式に変更しました。これが平成21年に発売されたスーパーカブ110（JA07型）です。以降、ライン上のすべてのカブ系は車体がパイプ形式となっています。オーストラリア郵政向けのCT110も同じモノコック形式でしたので、これもパイプ形式に変更する必要性から１台のプロトタイプをオーストラリアに持ち込んで、現地適合性を確認しています。また、都内で数十名のカブリピーターに集まって頂き、アンケートを取ってその方々のご意見も参考にしています。2007年にJA07系の開発を終えた後、エンジン開発関係に移りましたが、やはり設計者としてはお客様が何を望んでいらっしゃるのかを知り、その要望に応え、喜んで頂けるということが嬉しいですね。

第11回のカフェカブミーティングin青山（2007年）でスーパーカブについて熱く語る筆者（左から2人目）

リトルカブは立派なブランド

私にとってリトルカブの開発は、恐ろしいほどのバランスで成り立っている現行のカブに手を加えるわけですから、開発は本当に大変でした。でも、今振り返ってみますと、ファッショナブルなカブという観点からは大成功したのではないかと思います。実用車であるカブは地味な色ですが、リトルカブはもっと自由な感覚の色も用意しました。これは女性にはやはり好評でしたね。実は車体も高さ以外はほとんどカブと同じなのですが、タイヤが小さい分小振りに見えるのか、女性からはかわいらしい、男性からは扱いやすいと好評でしたね。また「需創」プロジェクトからの提案以前に郵政省からの要望もあり、郵政車両はすでに17インチから14インチにしてお使い頂いていたのですが、配達員の方々からは路地でUターンしやすいと好評でしたから、この点からも喜んで頂けたのではないかと思っています。私は専門が二輪だったのですが２代目フィット開発のときに、そのグループに呼ばれたことがあります。四輪ではブランドとしてのフィットを確立しようという話が出たのですが、ブランドとは何か、それについて四輪開発メンバー全員が頭を抱える中で気づいたのが同じホンダの二輪のスーパーカブの存在でした。

スーパーカブはすでにほとんど基本を変えずに連綿と50年間生産されていましたから、ブランドの確立について、四輪開発メンバーにスーパーカブのブランドで大切なことは「お客様のことを考え、常に進化すること」をプレゼンテーションしました。余談ですが、四輪がブランドを育てるために開発の段階から広告会社と協力しながら取り組み始めたのもこの頃からです。カブと同様にリトルカブは20年間も生産されてきました。この点ですでに「リトルカブ」という立派な一つのブランドを確立してると思いますし、同時に初代スーパーカブC100の開発関係者のオートバイに対する哲学をしっかりと受け継いだ直系だと思いますね。決して派生車種ではありません。

近年、14インチはクロスカブに引き継がれていますが、これもリトルカブというブランドがあってのことだと思います。いずれ機会があればリトルカブというブランドが復活するかも知れませんね。

■リトルカブ関連　年表

年	月	日	内容
1952	6	—	「カブ号F型」発売 自転車の後部につけた小型エンジンでベルトの駆動
1958	8	1	カブ号の後継モデルとして「スーパーカブC100」発売 エンジンは空冷4ストロークOHV単気筒49cc
1966	5	—	「スーパーカブC50」発売 エンジンは空冷4ストロークOHC単気筒49cc（1964年12月発売のC65用がベース）
1971	1	7	「スーパーカブデラックスシリーズC50DX、C70DX、C90DX」発売 かもめ型ハンドルを初採用。燃料タンクはフレーム内蔵 デラックスタイプのボディは、後のリトルカブの基本骨格となる形状
1997	8	8	「リトルカブ」発売 エンジンはスーパーカブC50と同じ空冷4ストロークOHC単気筒49cc
	10	—	リトルカブ（ホンダ2輪車総生産累計1億台達成記念車）発表
1998	7	21	本田技研工業（株）創立50周年を記念し、「リトルカブ50thアニバーサリースペシャル」を限定3,000台発売
	12	12	リトルカブに容易な始動性が得られるセルフスタータータイプ・キック併用式モデルを追加し、発売 リターン式4段変速ミッションを採用し、キックタイプ（3速ミッション）に比べ燃費が向上（125.0km/L→132.0 km/L：30km/h 定地走行テスト値） 全タイプにマフラーガードを新採用
1999	9	9	「スーパーカブ50」シリーズ、「リトルカブ」シリーズをマイナーチェンジして発売 全タイプのキャブレターのセッティングを変更、ブローバイガス還元装置を採用し、国内の新排出ガス規制に適合
2000	1	28	リトルカブにスペシャルモデル「リトルカブ・スペシャル」を追加し、限定3,000台発売
	8	25	リトルカブのスペシャルカラーのシックなブラックを限定4,000台発売
2001	1	27	リトルカブに新色プラズマイエローを追加して発売。※このカラーはスーパーカブにも展開
2002	1	22	リトルカブに淡いブルーを基調としたスペシャルカラーの「リトルカブ・スペシャル」を追加し、限定3,000台発売
2004	1	23	リトルカブに新色3色を追加して発売 追加色は、バイスブルー（フロントカバー部：ココナッツホワイト）、シャスタホワイト（フロントカバー部：シャスタホワイト）、インディグレーメタリック（フロントカバー部：ブラック）
2005	1	18	リトルカブの装備を充実させた、「リトルカブ・スペシャル」を限定2,000台発売 車体色はプコブルー、メッキのサイドカバー、専用のツートンシート採用、キックタイプとセルフスターターとキックを併用した2つのタイプを設定
2007	10	5	リトルカブの環境性能を高めてエンジンを一新。マイナーチェンジして発売 電子制御燃料噴射装置、PGM-FI搭載。排気ガスを浄化する触媒装置（キャタライザー）をエキゾーストパイプ内部に装備して平成18年国内二輪車排ガス規制に適合 エンジンのクランクケースカバーなどをシルバーからブラックに変更。マフラーガードの形状を変更。新たに5色を設定

年	月	日	内　容
2008	8	1	スーパーカブ誕生50周年を記念し、「スーパーカブ50・50周年スペシャル」と「リトルカブ・50周年スペシャル」を受注期間限定にて発売 （受注期間：2008年7月23日から2008年8月末日まで）
2013	11	15	スーパーカブ誕生55周年を記念し、「リトルカブ・55周年スペシャル」を受注期間限定にて発売 （受注期間：2013年11月8日から2014年1月26日まで）
2015	2	13	立体商標登録を記念して特別カラーを採用した「リトルカブ・スペシャル」を受注期間限定にて発売 （受注期間：2015年2月13日から2015年3月29日まで）
2017	5	—	リトルカブ（キックタイプ）モデルの生産終了
	7	—	リトルカブ　(セルフスタータータイプ・キック併用式)モデルの生産終了。同日をもって熊本製作所におけるリトルカブの約20年間の生産を全て終了
	8	—	リトルカブ販売終了（総販売台数は163,062台　なお国内販売専用車のため生産台数と販売台数はほぼ同じ） ※スーパーカブは継続して生産されて、これ以降も様々な展開を見せ、2017年10月に世界累計生産台数が1億台を突破
	10	19	スーパーカブの新型を発表。 スーパーカブ世界累計生産台数1億台達成の記念式典を熊本製作所で開催

■リトルカブ　販売台数（2017年12月〜1997年7月）

※Honda提供資料をもとに作成

〈2017年〉

機種記号	備考	1月	2月	3月	4月	5月	6月	7月	8月	9月	10月	11月	12月	計
LG2J	16年機種記号変更(セル無し)	11	49	70	78	140								348
LMG2J	16年機種記号変更(セル付き)	139	155	296	184	357	798	588						2,517
L82J	07年10月発売/FI採用(セル無し)			11										11
LM82J	07年10月発売/FI採用(セル付き)			39	2									41
													合計	2,917

〈2016年〉

機種記号	備　考	1月	2月	3月	4月	5月	6月	7月	8月	9月	10月	11月	12月	計
LG2J	16年機種記号変更(セル無し)			31	24	1	2	6			130	55	61	310
LMG2J	16年機種記号変更(セル付き)			163	140	22	34	70	14	2	441	132	206	1,224
L82J	07年10月発売/FI採用(セル無し)	35	42	27	9		1	10	9	4				137
LM82J	07年10月発売/FI採用(セル付き)	158	144	81	25	7	2	74	44	10	1			546
													合計	2,217

〈2015年〉

機種記号	備　考	1月	2月	3月	4月	5月	6月	7月	8月	9月	10月	11月	12月	計
L82J	07年10月発売/FI採用(セル無し)	43	33	59	57	50	48	19	60	78	45	42	44	578
LM82J	07年10月発売/FI採用(セル付き)	134	135	217	198	162	217	158	241	168	176	132	149	2,087
LMEYK	15年2月発売/カブ立体商標記念(セル付き)		430	227	144	49	104	36						990
													合計	3,655

〈2014年〉

機種記号	備　考	1月	2月	3月	4月	5月	6月	7月	8月	9月	10月	11月	12月	計
L82J	07年10月発売/FI採用(セル無し)	49	40	47	46	22	82	63	69	71	59	47	37	632
LM82J	07年10月発売/FI採用(セル付き)	160	166	192	46	269	220	245	234	273	221	174	146	2,346
LMEYD	13年11月発売/カブ55周年記念(セル付き)	81	105	150										336
													合計	3,314

〈2013年〉

機種記号	備　考	1月	2月	3月	4月	5月	6月	7月	8月	9月	10月	11月	12月	計
L82J	07年10月発売/FI採用(セル無し)	32	53	68	63	61	56	57	47	66	54	38	37	632
LM82J	07年10月発売/FI採用(セル付き)	123	133	259	203	131	258	214	217	217	204	139	124	2,222
LMEYD	13年11月発売/カブ55周年記念(セル付き)											626	348	974
													合計	3,828

〈2012年〉

機種記号	備　考	1月	2月	3月	4月	5月	6月	7月	8月	9月	10月	11月	12月	計
L82J	07年10月発売/FI採用(セル無し)	20	110	39	90	147	38	2		12	102	44	42	646
LM82J	07年10月発売/FI採用(セル付き)	147	195	95	239	274	209	4		148	237	136	111	1,795
													合計	2,441

〈2011年〉

機種記号	備　考	1月	2月	3月	4月	5月	6月	7月	8月	9月	10月	11月	12月	計
L82J	07年10月発売/FI採用(セル無し)	54	53	12	163	91	86	85	63	94	69	53	55	878
LM82J	07年10月発売/FI採用(セル付き)	155	134	228	130	318	194	309	212	259	199	142	180	2,460
													合計	3,338

〈2010年〉

機種記号	備　考	1月	2月	3月	4月	5月	6月	7月	8月	9月	10月	11月	12月	計
L82J	07年10月発売/FI採用(セル無し)	42	68	110	93	76	92	101	78	103	73	63	61	960
LM82J	07年10月発売/FI採用(セル付き)	126	152	279	243	245	225	220	210	241	214	172	159	2,486
													合計	3,446

〈2009年〉

機種記号	備　考	1月	2月	3月	4月	5月	6月	7月	8月	9月	10月	11月	12月	計
L82J	07年10月発売/FI採用(セル無し)	68	66	223	136	145	119	97	90	151	80	70	72	1,317
LM82J	07年10月発売/FI採用(セル付き)	159	198	366	311	263	243	255	237	296	194	195	183	2,900
L8YD	08年8月発売/カブ50周年記念(セル無し)	3												3
													合計	4,220

〈2008年〉

機種記号	備　考	1月	2月	3月	4月	5月	6月	7月	8月	9月	10月	11月	12月	計
L82J	07年10月発売/FI採用(セル無し)	82	106	325	168	144	195	152	87	289	70	172	67	1,857
LM82J	07年10月発売/FI採用(セル付き)	173	205	408	304	276	367	349	378	291	296	317	251	3,615
L8YD	08年8月発売/カブ50周年記念(セル無し)							309	194	180	402	409	148	1,642
													合計	7,114

〈2007年〉

機種記号	備　考	1月	2月	3月	4月	5月	6月	7月	8月	9月	10月	11月	12月	計
L82J	07年10月発売/FI採用(セル無し)						3			54	196	143	125	521
LM82J	07年10月発売/FI採用(セル付き)						1				285	279	222	787
L72J	07年機種記号変更(セル無し)	87	125	268	264	185	281	201	349	61	34			1,855
LM72J	07年機種記号変更(セル付き)	88	207	390	407	317	360	321	614	10	12			2,726
L52J	05年機種記号変更(セル無し)	12												12
LM52J	05年機種記号変更(セル付き)	109												109
													合計	6,010

〈2006年〉

機種記号	備　考	1月	2月	3月	4月	5月	6月	7月	8月	9月	10月	11月	12月	計
L52J	05年機種記号変更(セル無し)	127	142	327	283	191	216	169	223	281	163	160	143	2,425
LM52J	05年機種記号変更(セル付き)	177	188	409	372	282	294	238	294	351	268	199	134	3,206
													合計	5,631

〈2005年〉

機種記号	備　考	1月	2月	3月	4月	5月	6月	7月	8月	9月	10月	11月	12月	計
L52J	05年機種記号変更(セル無し)									93	225	245	171	734
LM52J	05年機種記号変更(セル付き)									128	240	217	273	858
L5J	05年1月発売/スペシャル(セル無し)	339	81	193	2									615
LM5J	05年1月発売/スペシャル(セル付き)	96	46	85										227
L4J	04年1月発売/3色追加(セル無し)	202	232	538	341	281	242	202	244	217	15			2,514
LM4J	04年1月発売/3色追加(セル付き)	205	205	447	330	293	272	297	313	215	3			2,580
													合計	7,528

〈2004年〉

機種記号	備　考	1月	2月	3月	4月	5月	6月	7月	8月	9月	10月	11月	12月	計
L5J	05年1月発売/スペシャル(セル無し)											1		1
L1J	01年1月発売/イエロー追加(セル無し)	17	6	9	4	1								37
LM1J	01年1月発売/イエロー追加(セル付き)	21												21
L4J	04年1月発売/3色追加(セル無し)	228	464	631	489	371	250	311	337	333	330	210	173	4,127
LM4J	04年1月発売/3色追加(セル付き)	107	267	475	401	265	305	342	295	316	353	242	268	3,636
LYJ	99年9月発売/排ガス対応(セル無し)	99	25	4										128
LMYJ	99年9月発売/排ガス対応(セル付き)	85	2											87
													合計	8,037

〈2003年〉

機種記号	備　考	1月	2月	3月	4月	5月	6月	7月	8月	9月	10月	11月	12月	計
L4J	04年1月発売/3色追加(セル無し)												3	3
L1J	01年1月発売/イエロー追加(セル無し)	43	51	169	101	87	53	61	65	77	51	44	24	826
LM1J	01年1月発売/イエロー追加(セル付き)	52	53	88	99	50	40	49	62	68	48	40	31	680
LYJ	99年9月発売/排ガス対応(セル無し)	199	247	656	454	339	270	285	260	361	255	213	154	3,693
LMYJ	99年9月発売/排ガス対応(セル付き)	209	209	403	388	277	238	248	252	297	254	176	175	3,126
													合計	8,328

〈2002年〉

機種呼称	備　考	1月	2月	3月	4月	5月	6月	7月	8月	9月	10月	11月	12月	計
L2YB	02年1月発売/スペシャル(セル無し)	446	213	72	82	54	47	34	140					1,088
LM2YB	02年1月発売/スペシャル(セル付き)	128	107	56	53	34								378
L1J	01年1月発売/イエロー追加(セル無し)	51	80	142	80	108	179	115	106	150	97	82	60	1,250
LM1J	01年1月発売/イエロー追加(セル付き)	58	53	61	81	54	101	100	88	65	56	39	32	788
LYJ	99年9月発売/排ガス対応(セル無し)	223	251	618	310	412	646	358	465	596	380	240	225	4,724
LMYJ	99年9月発売/排ガス対応(セル付き)	209	172	351	336	244	519	329	370	421	339	222	213	3,725
													合計	11,953

〈2001年〉

機種記号	備　考	1月	2月	3月	4月	5月	6月	7月	8月	9月	10月	11月	12月	計
L1J	01年1月発売/イエロー追加(セル無し)	389	174	317	135	109	191	165	120	121	112	70	69	1,972
LM1J	01年1月発売/イエロー追加(セル付き)	208	87	166	156	60	112	92	76	109	75	61	45	1,247
L1YC	00年8月発売/スペシャル(セル無し)	1												1
LYJ	99年9月発売/排ガス対応(セル無し)	685	433	1,026	498	252	498	460	412	502	324	387	279	5,756
LMYJ	99年9月発売/排ガス対応(セル付き)	335	342	863	473	300	335	375	383	347	345	297	217	4,612
													合計	13,588

〈2000年〉

機種記号	備　考	1月	2月	3月	4月	5月	6月	7月	8月	9月	10月	11月	12月	計
L1YC	00年8月発売/スペシャル(セル無し)								768	643	120	167	1	1,699
LM1YC	00年8月発売/スペシャル(セル付き)								368	119	133	43		663
LYYB	00年1月発売/スペシャル(セル無し)	472	965	375	253									2,065
LMYYB	00年1月発売/スペシャル(セル付き)	265	510	91	9	2	1							878
LYJ	99年9月発売/排ガス対応(セル無し)	236	534	1,380	888	987	1,602	1,139	353	670	570	376	455	9,190
LMYJ	99年9月発売/排ガス対応(セル付き)	216	346	1,058	335	249	883	670	263	473	347	301	473	5,614
LMXJ	98年12月発売(セル付き)		1											1
LXYH	(セル無し)			17										17
LMXYH	(セル付き)			1										1
													合計	20,128

〈1999年〉

機種記号	備　考	1月	2月	3月	4月	5月	6月	7月	8月	9月	10月	11月	12月	計
LYJ	99年9月発売/排ガス対応(セル無し)									357	296	607	611	1,871
LMYJ	99年9月発売/排ガス対応(セル付き)									263	216	291	445	1,215
LXJ	98年12月発売(セル無し)	718	286	1,329	1,455	326	1,334	1,791	1,089	37	20	2		8,387
LMXJ	98年12月発売(セル付き)	529	267	428	759	638	613	1,173	650	5		1		5,063
LXYH	(セル無し)		499	577	113							1		1,190
LMXYH	(セル付き)		269	196	66	3								534
LVJ	97年8月発売(セル無し)	2	20	9										31
													合計	18,291

〈1998年〉

機種記号	備　考	1月	2月	3月	4月	5月	6月	7月	8月	9月	10月	11月	12月	計
LXJ	98年12月発売(セル無し)											5	1,328	1,333
LMXJ	98年12月発売(セル付き)												2,067	2,067
LWYA	98年7月発売/Honda50周年記念(セル無し)							1,670	777	23	12		1	2,483
LVJ	97年8月発売(セル無し)	438	374	1,556	1,117	1,120	1,388	1,155	1,127	1,448	902	954	10	11,589
													合計	17,472

〈1997年〉

機種記号	備　考	1月	2月	3月	4月	5月	6月	7月	8月	9月	10月	11月	12月	計
LVJ	97年8月発売/ニューモデル(セル無し)								2,606	3,590	1,403	1,078	929	9,606
													合計	9,606

1997年〜2017年7月　合計163,062

本書の編集に携わって

私はリトルカブではなく、限定受注生産のストリートというスーパーカブ110（以下カブ）に乗っています。このモデルはそのコンセプトどおりお洒落に街乗りできる原付二種です。カラーはボニーブルーとハーベストベージュの２種類あったのですが、少しグレーが入った感じの落ち着いた色がとても格好良い印象のボニーブルーにしました。実際、実車はカタログで見るよりも柔らかい、秋空のような爽やかで自然な色合いです。カブは本当にどの色もそれぞれに個性が出ていて何色にするか選ぶのに迷いますが、その時間もまた楽しいものです。

実はこの車種に決める前、気持ちはリトルカブとクロスカブにありました。クロスカブは見た目の格好良さに惹かれたのですが、跨いでみたとき思ったよりシートが高く、身長が153cmの私ではつま先しかつかなかったのです。その点、リトルカブはその不安がありません。実際、カブで走るようになってから信号待ち、狭路、坂道等々、足がしっかりつくのでストレスがありません。その点はオートバイを選ぶ際にとても大事なことだったと実感しています。リトルカブはカブを購入する前に中古車で良いものを勧めていただき、決めようかというところまでいったのですが、どうせ乗るなら気に入ったカラーが欲しくなってしまい、ちょうどその頃発売になった限定受注生産のスーパーカブが最終結論になったのです。ただ、リトルカブはカブよりもっと車体が低く乗りやすそうで、よりかわいらしく、より気軽に乗れそうな気がします。

カブに乗る前は、50ccスクーターしか乗ったことはありませんでしたから、変速用のペダルを左足でギアチェンジするのも初体験でした。操作そのものはいたって簡単ですが、慣れないうちはなかなかギアを上げ下げするタイミングが分からず、２速のまま50ccのスクーターに追い抜かれたり、シフトダウンの衝撃に焦ったりもしました。今は少し余裕も出てギアチェンジをしてスピードにのり、バイクが安定する感覚も体感できるようにもなっていますが、カブはスクーターより体で覚える部分があるように思います。エンジンの音やペダルを踏む感触など、乗るほどにバイクの動きを意識するようになっています。

私はカブに乗るようになってから行きたい場所が一気に増えました。いろいろな場所が以前より近くに感じられます。今のところ主に近所の実家へ帰るときに使っていますが、本当にアッという間に着きます。本当に楽ですし、“便利な乗り物”です。それは考えてみるとカブが60年前に誕生した理由の原点ともいえますが、結局この一言に尽きるのではないでしょうか。この先10年ぐらいは十分に乗れそうです。流行に左右されないデザインも長くつき合えそうで大事にしようと思う理由のひとつです。カブを買ったことは大満足していますが、一方で、今回のこの本の編集をお手伝いした際に、またリトルカブの魅力にも惹かれ始めてしまいました。カブの快適さを体感しているだけに、かわいらしいリトルカブもあったら便利で楽しいだろうなと思ってしまいます。

毎朝の通勤時、駅までの足としても利用しています

カブは新型車だけど、リトルカブは旧車だから味があっていいかも……なんてカブ初心者とは思えないことまで考え始めています。カブ系モデルは熱狂的なファンの多いバイクですが、その気持ちを実際カブのユーザーになって初めて知ることができました。バイク初心者の私でも難なく乗っていますし、良い意味で誰でも乗れるバイクです。毎日の生活が便利になるうえ、金銭面でも安全面でも維持費の面でも負担になる要素が見当たらないのです。さらにこれだけではなく、この本にも書かれているようなカブ系モデルのタフで故障が少なく、自分の個性も表現できることが私はこれから本当に楽しみなのです。

編集部　遠山佳代子

編集後記

企画について：本書の企画は、1997年のリトルカブ発表時に、青山の本田技研工業株式会社本社において、リトルカブの誕生に関する開発者の方々の講演会が行なわれたときに端を発します。このとき弊社の小林が講演会の進行役を務めたのですが、講演を聴いて“リトルカブの魅力”を知った小林は、いつかリトルカブの本をつくってみたいと想うようになったそうです。

その思いはその後もあせることはなく、2014年に、実際に書籍の編集作業をスタートさせました。しかし2018年に「スーパーカブ誕生60周年」を迎えるにあたり、小林自身がスーパーカブの軌跡をまとめた書籍を担当することになったため、急遽、私がこの『リトルカブの20年』の編集作業を引き継ぐことになりました。

構成について：リトルカブの誕生とその後の経緯を正しく読者に伝えるには、当時の開発プロジェクトメンバーに直接執筆して頂くのが最良の方法と考え、2014年秋に、正式に技術者の方々に執筆のお願いをしました。そして開発責任者の竹中さん、デザイン担当の小泉さん、完成車設計の迫さん、外装設計の近藤さん、吸排気設計担当の高田さんに執筆していただけることになりました。同時に、リトルカブ誕生の重要な鍵となる需要創出グループのコンセプトメイキングを担当した加藤さんにも当時の話をお聞きすることができました。

編集のスタートの頃、リトルカブは生産中であり、今では見ることのできない熊本製作所での生産ラインの写真が撮影できましたので、組立工程に関する解説を加えて収録しています。また標準モデルはもちろん、20年間の生産期間中に登場した様々な限定モデルなどもカラーで紹介することにより、資料性を高めることにしました。さらに本書ではリトルカブの愛好家の方々にもその魅力などを語っていただきましたが、読者の皆様にも共感いただけるのではないかと考えております。

本書を通じて：リトルカブの誕生にまつわるその当時の開発者の思いや、挑戦的で情熱あふれるオートバイ開発の様子がお伝えできればと思います。

しかし、誕生からすでに20年以上の歳月が流れており、当時リトルカブ開発に携わったすべての方々にお話をお聞きすることがかなわなかったことについては、この場をお借りしてお詫び申し上げます。リトルカブのベースとなったのは17インチのスーパーカブであることはよく知られていますが、本書ではリトルカブが単なる姉妹車であるというだけでなく、1958年発売の初代スーパーカブC100の使命を引き継いだ車種であるということもお伝えするべく、詳しい解説を心がけました。

最後の継承車：スーパーカブは、2009年からはグローバルモデルとして、それまでの太いパイプとプレス鋼板によるフレームからパイプフレーム構造に変わり、2012年には海外生産となり、日本国内に輸入販売する方式に変更されました。2017年からは再び国内生産に切り替えられましたが、フレームは海外生産と同じパイプフレームです。しかしリトルカブは初代スーパーカブと同じプレスバックボーンと呼ばれるオリジナルのままのフレーム構造を踏襲し、スーパーカブがパイプフレームになった後でも変更されずに2017年まで生産されていたことを考えると、1958年以来、約60年間も続いたスーパーカブの基本構造を受け継いだ最後のモデルがリトルカブだったといえるでしょう。

終わりに：最後に、本書の出版に向け５年に及んだ編集期間中、取材の手配から写真資料のご提供にいたるまで常に親切にご対応いただくと共に、ご協力頂いた本田技研工業株式会社広報部の高山正之氏、二輪事業本部ものづくりセンターの髙田康弘氏、久米泰生氏、ホンダモーターサイクルジャパン広報課の永山清峰氏、森口雄司氏、実車の考証確認やパーツリスト等のご提供をいただいた葛野一氏、松岡洋三氏、水澤一郎氏、自動車史料保存委員会、またリトルカブのユーザーの方々の取材にご協力くださったカフェカブパーティー主催者の中島好雄氏と快く引き受けてくださったユーザーの皆様など、本書の製作にご協力いただいたすべての方々に心から感謝の意を表し、結びとさせて頂きます。

編集部　中村英雄

リトルカブの数々のカタログの中でも特に女性ユーザーを意識して制作されたカタログの表紙（2002年4月）

ホンダ リトルカブ ―開発物語とその魅力―

編著者	三樹書房 編集部編
発行者	小 林 謙 一
発行所	三 樹 書 房

URL http://www.mikipress.com
〒101－0051
東京都千代田区神田神保町1－30
TEL 03（3295）5398
FAX 03（3291）4418

印刷・製本 モリモト印刷株式会社